U0609490

轰轰烈烈或者千回百转，

白头偕老或者相忘江湖，

无论结局如何，

爱过或者迷恋过，

也是一种美，

不辜负最美年华里的相遇。

女王有爱

刘华峰◎著

THE
QUEEN
HAS
LOVE

中华工商联合出版社

图书在版编目（CIP）数据

女王有爱 / 刘华峰著 . —北京：中华工商联合
出版社，2018.7
ISBN 978-7-5158-2345-4

Ⅰ . ①女… Ⅱ . ①刘… Ⅲ . ①女性－成功心理－通俗
读物 Ⅳ . ① B848.4-49

中国版本图书馆 CIP 数据核字（2018）第 123712 号

女王有爱

作　　者：刘华峰
责任编辑：吴建新
封面设计：张合涛
责任审读：李　征
责任印制：迈致红
出版发行：中华工商联合出版社有限责任公司
印　　刷：北京毅峰迅捷印刷有限公司
版　　次：2018 年 8 月第 1 版
印　　次：2018 年 8 月第 1 次印刷
开　　本：880mm×1230mm　1/32
字　　数：124 千字
印　　张：7.25
书　　号：ISBN 978-7-5158-2345-4
定　　价：37.00 元

服务热线：010-58301130
销售热线：010-58302813
地址邮编：北京市西城区西环广场 A 座
　　　　　　19-20 层，100044
Http：//www.chgslcbs.cn
E-mail：cicap1202@sina.com（营销中心）
E-mail：gslzbs@sina.com（总编室）

工商联版图书
版权所有　盗版必究

凡本社图书出现印装质量问题，
请与印务部联系。
联系电话：010-58302915

我们的爱伤痕累累

> 我也一定会相信你的话；可是也许你起的誓只是一个
> 谎，人家说，对于恋人们的寒盟背信，天神是一笑置之的。
>
> ——威廉·莎士比亚《罗密欧与朱丽叶》

　　无论是正在婚姻中的人，还是游移在婚姻之外的人；无论是恪守住了爱情忠贞底线的人，还是那些已经越过规则的人，如果你问问他内心得到想要的爱情了吗，除去那些正在热恋中的男女，我想很多人内心都有缺憾。是什么让我们在感情中患得患失，把曾经的波涛汹涌变成了现在的一潭死水，让曾经的海誓山盟成为了现在的背信弃义。你真地爱过吗？那个你曾经以为会视你如生命的人真地爱过你吗？

曾经如胶似漆的爱为何会变得彼此厌倦，曾经心甘情愿的付出为何会变成彼此伤害，我们当初难道不是彼此深爱才走进婚姻的吗？有那么一刻，连我们内心也相信自己能爱到天荒地老，然而，当激情在日复一日的平淡生活中一点点褪去，很多时候，不仅对方爱不下去了，连我们自己也无力将爱继续下去了。我们既心有不甘，却又不知该如何应对。

许多人一生都在寻寻觅觅，找一段想要的爱情，却又在磕磕绊绊的婚姻中失望地度过了余生。进入婚姻中的男女无法让自己幸福，誓与现行婚姻制度对抗的人，没有进入婚姻，却也终其一生都在寻找自己想要的爱情，他们孤独、彷徨、焦虑、失眠，甚至抑郁。越来越多适婚年龄的男女，看着身边无数失败的爱情，迷失在婚恋的路上，不知道究竟该如何找到自己想要的幸福，于是很多人过起了单身生活，对婚恋越来越没有信心。

社会分工越来越细，我们不再需要男耕女织的生活，男人不再需要一个充当保姆的洗衣做饭的妻子，女人不再需要一个充当维修工、搬运工的丈夫，甚至也不再需要男人养家糊口，连孩子的抚养教育也可以交给社会了，男人与女人在家庭中的合作与依附关系正在一点点打破。商业交易般的相亲让人们变得越来越计较彼此的得失，财富差距的扩大与社会阶层的不稳定使得婚姻中的对等交易关系随时可能被打破，而相关婚姻监管政策让一些人越来越担心自己的利益得不到保障。

近年来，婚恋的种种乱象让人们不寒而栗，借助恋爱关系骗取财物甚至敲诈勒索、侵犯人身权利者屡屡得手，严重扰乱了社会秩序与人们正常的生活。由于不懂什么是欲望，什么是爱，很多人爱得盲目，爱得一无所知，凭感觉循着爱人的方向而去，深陷早已设计好的骗局与陷阱，却还抱着爱的幻想，直到被骗得没有利用价值，才知道所谓的爱人不过是诱饵。当真诚的感情屡屡受挫，信任的丧失使得人们更急于获取短期利益，失去了为爱等待的耐心。然而，我们在异性关系中真的只需要性吗？现代社会随时随处可得的快餐式爱情为何并不能让我们快乐？传统的夫妻关系真的走到尽头了吗？如何才能拥有天长地久的幸福？

在我们成长过程中，恋爱从来就不是学校、家庭乃至社会安排的一门重要的课程，很多消遣性的电影、电视、书籍为提高传播率，有时也会产生负面的引导。于是，生活中接触到的各种正确的、错误的碎片混杂在一起，不曾经过系统的学习，我们就依靠自身那点微薄的社会经验摸索着上路了。由于缺乏对于欲望与爱情的正确认识与理解，在男女感情上，一些人难以很好地把握分寸。当本能的冲动、内心的私欲、不切实际的幻想悄悄地爆发，他们既手足无措，又找不到专业的指导，只能在挫折中覆灭或痛苦地蜕变。

情杀案一直是故意杀人案中比例较高的案件种类，此外，因情而导致的各种伤害案件也层出不穷。除了给对方带来的伤害，恋爱失败者对自身的伤害也不容忽视，自杀、自残以及各种精神与心理的疾病在婚恋过程中也时有发生。众多婚姻悲剧与婚姻纠纷严重影响了人们的身心健康，大大降低了工作与学习效率。

爱情包括动物的本能——性，和本能之上的精神文明——爱。此外，爱情中还掺杂着很多性爱以外的生存竞争因素与社会环境因素等。不了解什么是性，不能分辨什么是爱，就无法正确处理爱情与婚姻道路上的挫折。

如果人类与低等动物一样交配与繁衍，那么性爱不是一门必修课，生来就会。然而，人类的爱情里掺杂着很多法律、道德、文化、感情等因素，以及性本能欲望之外的物质、权力等欲望，这使得人类的性爱比动物的繁衍要复杂得多，然而也正因为这种复杂，使得人们常常忽略了性作为爱情的原始驱动因素是如何在无形中左右着我们的心理与行为的。性本能的驱动是爱情区别于其他一切感情的重要因素，因此本书中部分章节重点阐述了这种本能驱动的特征，以及这些特征如何对爱情施加影响，了解这种驱动能更好地去处理爱情路上出现的种种问题，从而获得幸福。

关于性，人们总认为是羞于启齿的，是需要三缄其口的，以至于进入性成熟期的很多人依然是性盲。性是一门人人都该懂的科学，然而充斥于人们生活中的却是色情，而不是性科学，单纯站在生殖医学角度的性科学又不足以指导婚恋，单纯谈婚恋又不能从性的本源出发让人们了解爱情的本质。性从狭义的生儿育女到广义的人类社会繁衍与发展，是一门完整系统的科学，只看单一环节而不观全局无法做到全面的了解。

爱情能够化腐朽为神奇，千百年来让人们传颂与神往，无论多么沉重的阴霾都能在爱的阳光下烟消云散，无论多么干涸的心田都能在爱的雨露下重获新生。爱让人奋进，但过度的欲望会让人堕落，恰当地节制你的欲望，让内心充满爱，你就能感受到幸福与快乐。爱整个世界，爱你所爱的人，不计较个人的得失，你就是给世界洒满阳光的天使，你的心里永远没有阴影。爱会让你变得柔软，因为爱，所以有如水的温柔，有天生万物的包容，让你更懂得如何去爱、去体贴他的需求，让他的小情绪、小心事在你的柔情里烟消云散，让他的小缺点、小错误变得不再那么重要。爱会让你变得坚强，因为爱，所以有巨大的能量让你强大，让你有能力给出更多的爱，坚定地陪他一起面对困难与挫折。因为爱，所以你会努力学习他身上的优秀品质，变得和他一样优秀，变得更值得他爱。你的柔软和坚强可以更好地抵挡爱情路上的风雨，让你们的爱走得更远。

人生短暂，能得一人心，白首不离分，自然是我们最向往的生活，然而爱情从来就是两个人的事情，不是一个人的事情，我们决定不了对方的选择，只能决定自己用心去爱。无论结局如何，都需要我们学会坦然接受。用你的爱去守护那个一生一世的童话，如若童话破灭了，望你的生活仍可以精彩继续。

目 录

CHAPTER 1

愿你开成一朵自由行走的花

> 我独自经历无数个春夏秋冬，
> 错过花开只为等你来。
> 世事万千变幻，
> 无数人更换着他们生命中的不同角色，
> 而我，依然是原来的我，
> 因为我坚信，你会来。

爱情传说

　　爱情的精灵呀，你是多么敏感而活泼。虽然你有海洋一样的容量，可是无论怎样高贵超越的事物，一进了你的范围，便会在顷刻间失去了它的价值。爱情是这样充满了意象，在一切事物中是最富于幻想的。

　　　　　　　　　　　　——威廉·莎士比亚《第十二夜》

　　传说爱情是斟满杯的葡萄美酒，对饮是快乐，独酌是伤感，无论是如痴如醉，还是柔肠寸断，手里的杯却始终是拿得起、放不下。因为醉在其中，所以无法清醒，坠入爱河的人的世界，自己走不出来，旁人走不进去，爱与不爱，两个世界的人，谁都不懂谁。醉着的人最真诚，所以可以地老天荒，可以生死相许。

　　传说爱情是沉睡在你身体里的种子，若不发芽，你感觉不到它的存在，一旦有一天遇到适宜的土壤、空气、阳光，还有那个他的出现，沉睡的种子就会苏醒，生长出茂密的枝叶与藤蔓，将你困在其中，从此你不再是从前的你。因此，你需要小心翼翼的，避免吵醒它，不要轻易让它开花结果。如果你唤醒了它，它就需要你辛勤浇灌，不断拔出杂草，一刻也不能疏忽，如果你疏忽了，它就会开出枯萎的花，结出痛苦的果。

传说爱情的美太微妙，所以最感性的诗人也无法淋漓尽致地表达它，最伟大的画家也无法惟妙惟肖地描绘它，只有亲身经历过，才能体会它无以言表的美。因为无以言表，更增添了几分神秘，只能在幸福的笑容和轻盈的脚步里捕捉到爱情甜蜜的幻影。

传说爱情的伤没有人能医治，唯有时间是最好的良药，因为无论伤得有多重，都无法找出伤口在哪里，只有你的心可以感觉得到，它如影随形地侵蚀了你的所有。一切在别人眼里很平常的事物，却随时都有可能撕裂你的伤口，只有时间，能让无形的伤口慢慢愈合。

如果你请求爱过的人向你描述一下他经历过的爱情，千百个人会有千百种回答。爱是生生世世的依恋，是分分合合的恩怨，是兜兜转转的缘分，是磕磕绊绊的相守；爱是穷尽一生的追寻，是青春岁月的浪漫，是不离不弃的伴随，是千年不变的等待……每一种爱情都千差万别，你永远也无法知道你会经历哪一种，因为爱情不全由你一个人决定。

爱情是如此难以捉摸，像易变的天气，前一分钟还是阳光明媚，下一分钟就可能梨花带雨；像翻滚的过山车，时而登上顶峰，时而坠入谷底。痛却快乐着，快乐却痛着。想要离开却又难舍，想要留下却又离开。

　　爱情的古老传说在空气里飘散、在时光里流淌，无论重复多少遍，无论多么长久，却始终不改人们追寻与向往的脚步。轰轰烈烈或者千回百转、白头偕老或者相忘江湖，无论结局如何，爱过或者迷恋过，也是一种美，不辜负最美年华里的相遇。

在最美的季节，最美地绽放，无关任何人

> 结婚的女子有如被采下炼制过的玫瑰，香气留存不散，比之孤独地自开自谢、奄然腐朽的花儿，在尘俗的眼光看来，总是要幸福得多了。
>
> ——威廉·莎士比亚《仲夏夜之梦》

无论是曾经爱过、正在相爱还是期待你爱的人出现，无论是曾经被深深伤害过、正在承受失去的痛还是不敢再憧憬未来，人生的每一个季节，一旦走过就不会再来。

你看那开在旷野的花，自开自谢从来不会在意谁的眼光，因为花期一旦过去，再美的花也会枯萎。所以，在最美的季节里，请尽情地绽放，哪怕孤芳自赏，你也要美得惊艳、美得肆无忌惮，花季过去后，回想起自己的人生，也曾经那么灿烂地美过，美得不留遗憾。

我们总是忽略已经拥有的，而去追寻我们所没有的，因此而错过了现在的美好，不能好好享受当下的生活。小的时候，你希

望自己快点长大，长大以后，你又害怕自己变老。二十岁的时候你觉得自己老了，三十岁的时候你觉得自己老了，四十岁的时候你还是觉得自己老了，等你老态龙钟、步履维艰的时候，再回首望去，你会发现，以前的你是那么年轻，却不懂得享受自己的青春，在焦虑中一天一天让自己真正老去。

二十岁的时候你焦虑自己老了，身边的同龄人正在感受爱情的快乐，你的那个他却没有出现，于是你草草恋爱了，尽管那个他并不是你理想中的样子。

三十岁的时候你焦虑自己老了，身边的同龄人都已经结婚生子，于是你草草成家了，虽然你们的婚姻并不是你想要的样子。

四十岁的时候你焦虑自己老了，走出失败的婚姻又急于重新进入另一段并不理想的婚姻，在痛苦中忍受折磨、日渐憔悴，却根本不知道，其实一个人的人生也可以很美。

世俗的眼光与曾经的教育让我们以为，如果没有找到人生的另一半，我们的人生就是不完整的。在公主王子的爱情童话中长大，从小就以为，若想幸福快乐地生活，必须要找到那个梦想中的白马王子。长大以后，身边的同龄人纷纷恋爱、结婚，家人、朋友开始劝你赶快考虑终身大事，周围的人会向大龄单身投来异样的目光。于是，我们终其一生苦苦寻找，希望找到那个能给我们幸福的人。

因为你以为没有另一半的人生是不完整的，你把自己的幸福寄托在另一个人身上，你不曾懂得什么才是真正的幸福，你没有勇气自己给自己幸福，所以你费尽一生中最好的时光，惶恐不安地去找寻那个能给你幸福的人。然而，当时光逝去再也不能回来，你才发现，拥有那段时光就是幸福的，而你却让幸福轻而易举地溜走了，不曾用心地感受过。

幸福是一种能力，如果你没有能力在独自一个人的时候拥有幸福，就很难和另一个人在一起幸福。如果你有能力给自己幸福，那么即使你不巧爱错了人，进入了一段不幸的婚姻，离开他，你一样可以重新获得幸福。

学会享受孤独，是学会经营幸福的前提。每个人生而独立，不必依附另一个人而存在。人生是一条从生的起点走向死亡终点的单行道，或许路上有人和你打了个招呼，然后继续赶路，或许有人和你肩并肩走了一程，或许有好心人曾给你递上一杯水、一条毛巾，又或许有阴险狡诈的人给你设置了障碍或陷阱……然而每个人都有自己的人生，无论贵为将相，还是庶为平民，无论谁曾陪你走过，还能走多远，人生的路终究需要自己去走完，没有人能帮你走完只属于你的人生路。

单身一定不是最差的状态，单身时没有人每天给你爱，但至少没有人每天给你伤害。所以，单身再不济也是一种中间状态，比上不足，比下有余，因为还有很多在痛苦的婚姻中苦苦挣扎不能脱身的人，有很多在畸形的恋爱中不能自拔的人。珍惜你的单身生活，珍惜你每一分每一秒的时光，让自己前行的路途变得精彩。珍惜你的单身生活，在单身中保有创造幸福的能力，在单身中秉持对爱的纯美向往和念念初心。

你不是被后母虐待的灰姑娘，不是被继母追杀的白雪公主，不是被施了巫术的睡美人，你不需要别人救你于水深火热之中，你足够优秀，可以独自撑起一片蓝天，在阳光雨露下顽强生长。你要的爱不是雪中送炭，爱来了自会锦上添花。

让爱的阳光不留阴影

> 幸福的夜啊！我怕我只是在晚上做了一个梦，这样
> 美满的事不会是真实的。
>
> ——威廉·莎士比亚《罗密欧与朱丽叶》

你还在人群中寻寻觅觅吗？你和身边的人仅仅是貌合神离吗？曾经的海誓山盟如今看来为何只是一句戏言？有没有一种爱情，可以抵挡所有的风雨侵蚀，让那个天荒地老的美梦成真？

爱的路上我们走得如此艰辛，我们想要的爱情看似就在眼前，然而，轻轻触碰就能灰飞烟灭。或许是我们要得太多，或许是我们不知道自己究竟要什么，或许是我们根本不懂什么是爱。

真正的爱不是折断他的翅膀或将他囚禁在你的牢笼里，让他永远离不开你的掌心。真正的爱是让他自由地飞翔，为他的独立喝彩，在他遇到风雨的时候和他一起抵挡、一起穿过，享受他感恩的回馈，以及累了的小憩，珍惜、分享他的喜怒哀乐，以及和他在一起的时光。

爱与欲望从来就不是能简单分开的，人们的感情混杂着太多的因素，性、物质、权力、精神等多种因素相交织。某些人恋爱与婚姻中存在着或大或小的欺骗行为，甚至有部分不法之徒利用对方的感情来达到自身不可告人的目的，爱情自然是我们追寻的最高境界，然而不可否认，我们需要相信爱情、付出真情，同时也要了解性与爱的本质，学会保护自己。

一个在物质、权力等方面需要依附于你的人，有太多的欲望，他想从你身上得到他想要的，因而没有了完整的爱的能力，我们无法说这是真爱。两个物质与精神同时独立的人，彼此间的相互欣赏与珍惜，才有可能产生真正的爱情。纯粹的爱是无私的，是不为满足自身欲望的付出，但我们是人，不是神，或多或少心里都有些欲望。那么，什么样的爱情才能称得上是真正的爱情呢？

举个很简单的例子，有人看到一棵树，树上的花开得很美，于是这个人把花折下来，带回去插进花瓶里，等花枯萎了就丢进垃圾桶，重新出去采摘其他的花。这些花的命运都相差不多，无论曾经有多么艳丽，采摘的人都不会因为花的枯萎而难过，因为他轻而易举地得到了这些花，且枯萎从一开始就是预料中的结局。我们最多说这个人喜欢花，不能说爱花，他为了让自己幸福，让自己开心，占有着这些花，享受着花的芳香，却从来不关心花的命运，他关心的仅仅是自己的感受。

　　如果有人看到一棵树，一棵也许能开出很美的花的树，也许不能开花的树，这个人耐心地了解树的习性、生长条件，经常浇水施肥、悉心栽培，还要帮树治理病害。如果树死了，他会伤心难过，因为那不是他想要的结局，他为树付出了时间和心血，希望树能健康成长，哪怕在别人眼里开出的花并不是美的，在他眼里都会很美，他比别人更懂得欣赏这朵花的美，因为这是他亲手栽培的结果。尽管这个人也享受了花的芳香，但这是他努力呵护的结果，并且他对花没有造成伤害，他对花才是真爱。

　　从上面的例子可以看到，前者仅仅是喜欢花，是欲望，后者是帮助花更好地成长，是真爱，真爱中可能包含了喜欢，但喜欢中可能不包含真爱。喜欢一个人，自然希望得到对方的喜欢，引起对方的注意与重视，甚至完全占有对方，如果对方并不喜欢自己，难免会心有不安，会有孤独、痛苦的情绪，这些都是人之常情。只要行为不给对方造成伤害就无可厚非，如果同时也不给自己造成伤害，那就是健康的。

　　一个人想占有你，说明这个人还喜欢你，对你有欲望，但是这和爱你无法等同。曾经看过一部电影，讲一个很厉害的男脑科医生，喜欢上了一个得了脑瘤的女病人，这个病人的病只有他能治，为了控制这个病人，他始终不愿彻底治好这个病人的病，让这个病人始终依赖他。显然，这只是一种控制，并非爱，生活中有很多类似的情况，虽然不如电影的情节如此简单清晰，但性质相同。

狂热的追求、强烈的占有欲常常被我们错误地理解为强烈的爱，很多时候，这仅仅是强烈的喜欢而已，和折断花插在花瓶里没有区别。爱一个人是关心他的感受，而不是只考虑自己的感受，爱他意味着帮他实现他的梦想，给他快乐，给他幸福，教会他怎么抵挡风雨，让他在没有你的日子里依然能茁壮成长，为他的笑容感到快乐，为了他而让自己变得更加优秀，更值得爱，而不是自私狭隘地占有和控制他，一味地向他索取。喜欢和爱有本质的区别，喜欢出自你自己的感受，所有追求行为都是为了得到自己想要的东西，所有抛弃行为也是为了丢掉自己不想要的东西，至于对方的感受不在考虑之列。

爱情需要付出和牺牲，但并非只有一方的牺牲就可以成全另一方，很多时候是相互成全的。爱情中的相互栽培可以让双方都能更健康快乐地成长，绽放出更精彩的人生，因为爱上对方而努力让自己拥有与对方同样的优点，因为爱上对方而让自己越来越优秀，从而让对方更喜欢自己。彼此独立又相互依存，才是健康的爱的方式，爱情浇灌的花朵才能长久存活，不至于枯萎。

当我学会了如何去爱

> 我真悔恨和她在一起度过的那些可厌的时辰，我不爱她，我爱的是你，谁不愿意把一只乌鸦换一只白鸽呢？人们的意志是被理性所支配的，理性告诉我，你比她更值得敬爱。凡是生长的东西，不到季节，总不会成熟：我一向因为年轻的缘故，我的理性也不曾成熟；但是现在我的智慧已经充分成长，理性指挥着我的意志，把我引到了你的眼前。在你的眼睛里我可以读到写在最丰美的爱情经典上的故事。
>
> ——威廉·莎士比亚《仲夏夜之梦》

人生有无数的第一次，这一次却是自己独自踏上了旅途，没有蹒跚学步时的搀扶，没有呀呀学语时的纠正，爱的旅途在几分忐忑、几分心慌中跌跌撞撞地前行，爱得如此懵懂，爱得如此一无所知，哭过、笑过、痛过、累过，终有一天学会了如何去爱，才明白爱了不该爱的人，伤了真心爱你的人。到底我们该如何去爱，如何真正地被爱？

尽管我们常常说喜欢一个人是没有理由、没有原因的，但两个人最终走到了一起，相互选择了彼此，一定有某些因素驱动着我们。要说清楚这个问题，我们需要完整地剖析一下爱情究竟是怎么回事。我们将爱情从低到高分为三个层次：本能、心灵、理性。

本能出自于动物原始的生存与繁衍的欲望，爱情中的本能主要指繁衍的欲望。生存欲望驱使我们去获得食物，补充身体营养所需，我们称这种生存的本能为营养本能。当我们缺乏能量时会感受到饥饿，然后饥饿的力量驱使我们去找寻食物，这种力量任何动物都具备，倘若不具备的话也早就被自然界淘汰了。繁衍欲望是通过性行为使自己或对方身体受孕，从而生育后代的欲望，我们称为性本能。当我们需要性的时候就会感受到力比多，然后力比多的力量驱使我们去找寻异性，力比多对于性类似于饥饿对于营养。力比多是比较专业的术语，日常生活中人们不太懂，所以很少用，但实际上人们的感知是类似的，人们通俗地用性冲动这个词来代表对异性的欲望。举个很简单的例子，有一天你下班后感觉自己饿了，想起有一家湘菜馆做的剁椒鱼不错，于是你很想去那家餐厅吃剁椒鱼，直到你心满意足地吃饱了。如果你非常想吃湘菜，而今天因为工作原因陪客户吃了粤菜，可能你心里还惦记着剁椒鱼，想再找个合适的时间去吃。你的力比多对于异性的欲望和你的饥饿对于剁椒鱼的欲望有点类似。

心灵是一个庞大的情感场、能量场与生命场，有点像人们平常所说的灵魂，我们的喜怒哀乐、爱恨善恶、焦虑恐惧皆出自心灵，世间万事万物的美丑也都需要通过心灵去感知。人类有性本能的需要，也有情感交流的需要，当然我们也可以在很多低等动物身上看到情感交流。当你喜欢对方身上的某些特质时，你就希望和他有情感交流。人们的心灵通常喜欢积极美好的事物，比如他的纯洁善良、他的坚强乐观、他的博学多才、他的温文尔雅，都有可能吸引你靠近。当然，也有可能他的内心是脆弱的，你的同情心让你试图用自己的坚强去照顾他的脆弱，在照顾他的同时你证明了自己的强大，或者得到一种帮助他人的满足感，而他从你这里获得了保护、得到了支持。共同的兴趣爱好可能使得你们更愿意在一起交流，比如你们都喜欢运动、都热爱艺术等。也有可能正是因为他有你所没有的精神世界，所以你才崇拜他，更想靠近他，比如他球打得很好、画画很好、文章写得很好，而这些是你很想具备而目前不具备的。心灵有时带有想象与幻想的因素，因而往往最容易盲目，比如因为他朝你微笑，所以你以为他是爱你的；因为他的外表是美的，所以你以为他的心灵也是美的；因为他很强大，所以你以为他会保护你。

理性出自于我们大脑有利与不利的判断，再经过大脑的思维进行综合判断分析后所做出的最有利的决定，除社会制度环境的因素之外，综合判断所考虑的因素主要可以分为三种：本能需求、心灵交流的需求、生存竞争的需求。本能与心灵需求已经在前面阐述过，生存竞争的需求指人为了生存需要食物、保暖、庇护所等，比如物质、权力等方面的需求。最有利的决定是对自己有利还是对他人有利，这受我们的心灵驱使，如果心灵是善的，这个最有利的决定就不会损害他人利益，甚至有可能损害自身利益而满足他人利益；如果心灵是恶的，这个最有利的决定就往往是损人利己的。这个决定是不是真的最有利，受我们的思维判断能力影响，每个人的判断能力不同，同一个人在不同时期的判断能力不同。此外，能不能做出最有利的判断，还取决于我们获得了多少信息，以及这些信息的真伪。当综合考虑本能、心灵以及其他诸如物质、权力、法律、道德等现实因素后，你有可能觉得对方最能满足你的需求，于是你希望和他在一起。而在你的理性做出选择前，你可能在本能、心灵上都不喜欢他，但你的理性选择会调整你的本能与心灵，使你尝试去喜欢他。当然，也有可能你们很幸运，从一开始，你们的本能、心灵、理性就都喜欢对方。

如果你们的关系纯粹出于性本能的需要，仅仅在性行为上需要对方的协助，不附加任何其他条件，那么你们更像是性伴侣的关系。如果你们的关系纯粹出于心灵上的喜欢，性格合得来或者有共同的兴趣爱好、共同的文化、共同的价值观等，两个人在一起相处愉快，彼此欣赏对方；或者一个人的内心比较强大，一个人的内心比较脆弱，强大的人通过付出证明自己，脆弱的人获得保护寻求支持；或者你们都很脆弱，彼此寻求依靠，遣散孤独与寂寞，相互成为对方的精神支柱，那么你们两个人的关系更像是灵魂伴侣。如果你们在理性上需要对方，那么你们可能综合了很多因素，有可能是本能的、心灵的因素，也有可能是物质、权力等生存竞争的因素，总之，理性所做出的是综合本能、心灵、生存竞争等因素后最有利的选择。当然，两个人的需求并非一定是相同的，比如很典型的攀附式婚姻，就是一个人想借助对方获得满足感、控制感，另一个人想借助对方获得物质或地位。

如果理性的选择主要基于本能需求，那么你们的关系还是性伴侣关系，不过理性的决定更明确，做决定的人很清楚自己需要什么和能得到什么，并且满足于所得到的。之所以选择对方作为对象，是因为理性告诉你需要或想要一个伴侣，并且情愿为此而付出。非理性的决定则比较盲目，不清楚自己想要什么或能得到什么，有可能你仅仅因为冲动而想和对方在一起，或者对方是因为本能与你走到一起，而你却错误地把这当成了爱，当你有一天发现这一切纯粹是出于本能时，就会因此而受到沉重的打击。在本能冲动下发生关系，事后是后悔的，自己并不想这么做，只是没有控制住一时的冲动，而理性的伴侣则不同，双方是自己愿意这么做，事后也不后悔，自己有能力决定是否继续实施同样的行为。

如果理性的选择主要基于心灵需求，那么你们的关系是灵魂伴侣，你们更明白自己需要哪些心灵交流，以及你们能达到什么层次的心灵交流，你们的交流是否是有意义的、有价值的。不具备理性的心灵交流可能是盲目的、幻想的，因而不切实际，未必真正能实现，比如你幻想他爱你，你伤心的时候他会安慰你，你胆小的时候他会鼓励你，你需要他的时候他会陪伴在你身边，你冷了他会给你温暖，你饿了他会给你做好吃的，而事实上，他既懒惰无知又自私冷漠，终日浑浑噩噩不务正业，负债累累朝不保夕。经过理性思考的心灵交流则是能够实现的，因而更长久更健全，比如你们既经济独立又灵魂独立，但你们都喜欢艺术，都渴望在艺术领域交流，并且交流得很愉快，能相互帮助共同提高；或许你们共同建立起一种只属于你们两个人的爱情文化，无论遇到多大的困难，你们甘愿为此牺牲与付出。尽管你们很明白这样的牺牲与付出可能给自身利益带来很大的损害，但你们都在所不惜，这种选择是理性的选择，而不是盲目的激情，你们并不会为自己的利益受损而感到后悔，因为那是经过深思熟虑后出自善良内心的真正意愿。

如果理性的选择主要是基于心灵交流以外的本能需求、物质需求等因素，那么你们更像是商业交易关系。爱情中往往同时有本能、心灵、理性三种因素存在，只是各部分的因素强弱不同，并且这三个因素是相互影响的。每个人的爱情千差万别，因为每个人的本能需求大小、心灵善恶与强弱、理性判断能力等存在很大区别。同一个人的爱情在不同时间段也有差异，不同年龄阶段的本能需求大小会发生变化，心灵和理性也会随着知识、经历、视野等的变化而成长变化。

那一次不经意的回眸

　　她那惊鸿似的一面，已经摄去了我的魂魄，为了博取她的芳心，我甘心做一个奴隶。

　　　　　　　　　　——威廉·莎士比亚《驯悍记》

　　在茫茫人海中相遇，他是那么平凡，平凡得没有任何人会注意到他的存在，甚至包括你。直到有一天，你在那一次不经意的回眸中对他动了心，你从此感觉那个人与众不同，茫茫人海，你只牵挂他一个人。你嫉妒你的竞争者，为了能接近他或引起他的注意而感到愉悦，开始关心他的一举一动。

　　一个原本毫不起眼的人，为什么一旦你动了心，就忽然觉得他对你有某种说不出来的重要性？动心尽管与你的知识、文化、综合思考等有一定的关系，但也有一定的偶然性，就像市场上有无数的玫瑰花，你买了一盆，从此只有这一盆与你有关。当你看到这盆玫瑰花的时候，有很多的巧合，比如正好坐公交车时不小心过了站，而下车的地方正好有人在卖玫瑰花，正好那段时间你喜欢玫瑰花而不是别的花，正好那天你有心情买花而不是为坐过站而懊恼。所以，我们常常说爱情需要缘分。

然而，即便有无数的理由来解释那次偶然的相遇，动心的那一刻究竟发生了什么呢？那一刻，你的本能、心灵、理性共同作了一个决定，选择对方作为你期盼的婚姻关系对象，或者说你的力比多附着于这个人。尽管有些诸如场所、穿戴、言谈举止、容貌等外在的因素可以让你做出理性的判断，但是很显然，如果不是日久生情而是一见钟情，那么你并没有获得足够多的信息使你的理性做出正确的判断，而你心灵的想象和幻想补充了很多信息，让你爱上他。你的心灵假定了很多因素，除了你直观看到的这些，你所没看到的都符合甚至高于你的要求。这是你喜欢的人，一种比本能更深层次的喜欢，他的沉默让你看到了他的深沉，他的微笑让你看到了他的阳光，他面对挫折时的平静让你看到了他的坚强，他对弱者的同情让你看到了他的善良，他无私的帮助让你看到了他的真诚……当然，也有可能是因为他出入高档场所或者一身名牌的穿戴让你看到了他的富有。每一个瞬间都有可能打动你，让你高估对方的美好，事实可能并非如此。显然，尽管动心主要是心灵的因素，但本能与理性对心灵施加了很重要的影响。动心往往是对方身上有你最看重的或者幻想有你最看重的，比如青春、美貌、健康、财富、权力、学识、体贴、品格等，什么最容易让你动心取决于你最想要什么。心灵是有欲望的，一个喜欢金钱、权力的人，如果不靠自身的努力去获得金钱与权力，那么她爱情中的心灵欲望就可能是对方身上的金钱与权力；而一个年老的人，很可能是因为想延续青春而去占有年轻的身体，正因为如此，那些懒惰不求上进的年轻人与那些获取了较多财富但心理空虚的老人形成了有名无实的爱情关系。

由于心灵带有幻想的因素，心灵的喜欢有一定的盲目性，有时一个你从本能和理性上都不喜欢的人，某一天忽然有某件事打动了你，然后你就坚持要和他在一起，这种感觉褪去以后，你有可能觉得当初的选择是对的，也可能会发现当初的选择是多么不情愿，甚至有些恶心。这与当时的你心灵是否足够健全成熟，以及当时是否足够理性有关系，一个有心理疾病的人做出的决定与正常人做出的决定肯定是不同的，失恋状态的人做出的决定往往与正常状态做出的决定会有差异。由于存在信息不对称，当你爱的时候，你假定对方是善意的，假如有一天，你发现对方怀揣着一个巨大的阴谋而与你恋爱结婚，回想起你们之间的爱情，一定是悔恨的，就像如梦方醒。

一个让你动心的人，很可能随着你对他的了解加深或者随着你心灵与理性的健全而变得不再喜欢。当你对一个人动了心，你想占有这个人，你希望这个人也选择你，你希望和对方一起组建家庭、教育孩子或者共同生活、共同成就事业，你判断这个人是善良的，是有能力让你过上想要的生活的。如果你知道一个人曾经做过很多卑劣的事，并且判断这个人是在欺骗你，而不是真正的喜欢你，你就不会对这个人动心。如果你知道这个人懒惰且没有文化，和这样的人共同生活很难有共同语言，很难共同进步，如果你很在意这些，你也不会对这个人动心。如果你在动心的早期发现这些，你会及时纠正你对他的感觉，不再喜欢对方，不过假如在你动了心之后，进入热恋期你才发现这个人做过很多卑劣的事，这个人是在欺骗你而不是真正喜欢你，尽管你的理性告诉自己应该离开他，你的本能与心灵要离开他却是很困难的事，因为此时你的力比多强烈地附着于对方，要把力比多从对方身上移走需要很大的力量来调整。你需要付出很大的努力去调整自己，从你曾经对他的美妙幻想中走出来，为你那个幻想的破灭而痛苦不已，甚至宁愿欺骗和麻痹自己，让自己去幻想他没有骗你、没有伤害你，从而逃避现实以求得内心的安宁和快乐。生活中很多恋爱的人就是这样上当受骗的，旁观者看得很清楚，自己却深陷其中无法自拔，父母、亲人怎么劝都听不进去。在恋情中双方往往投入了近乎百分之百的信任，超过了对朋友、亲人甚至父母的信任，投入越多痛苦也就越多，因此在投入一段感情前，应对对方有充分的了解，切不可盲目地为爱而爱，完全不管爱的对象是谁。

　　本能对心灵的喜欢添加了重要影响，比如他的类型正好是你力比多所倾向于附着的类型，年轻英俊、潇洒豪放，因而你会喜欢他。然而有些隐藏因素，却可能是你从未意识到的，这使你的动心或选择看起来有某种盲目性。尽管存在大众化的审美标准，但对不同的人而言，能引起动心的对象往往有不同的特征，有人喜欢偏瘦的，有人喜欢丰满的，有人喜欢文静的，有人喜欢豪放的，有人喜欢眼睛大的，有人喜欢眼睛小的，有人喜欢皮肤白的，有人喜欢皮肤黑的……有些人的独特审美甚至是大多数人都无法接受的。每个人动心特征的种种不同与自身的成长经历有很大关系，就像你喜欢吃湘菜，湘菜就更容易成为你的饥饿所附着的对象，而你喜欢吃湘菜可能是因为你从小在湖南长大。与此类似，你喜欢某种类型的异性，也可能是因为在你成长过程中适应了这种类型的异性。成长经历所导致的力比多附着会有些不同，能在一定程度上解释爱情的盲目性。奥地利精神病医师、心理学家、精神分析学派创始人西格蒙德·弗洛伊德在《精神分析引论》一书中指出，"力比多往往执着于特殊的出路和特殊的对象而不变，这就叫作力比多的附着性，这种附着性似乎是一个独立的因素，随各人而不同，它的决定性条件尚未为我们所尽知，但它在神经病的病原学上的重要性却是无可怀疑的了。"动心的过程实际上就是力比多附着于对方的过程，对于为何某些人钟爱某种类型的异性，弗洛伊德举了一个比较极端的例子。"有一个人对于女人的丰乳肥臀及其他一切诱惑都无动于衷，只有某种样式的穿鞋子的脚，才能引起他不能遏制的欲望。他还记得六岁时的那件事，造成了他的力比多的这种执着，那时他正坐在保姆旁的凳子上，保姆教他读英文。保姆是一个平常而年老的妇人，眼蓝而湿，鼻塌而仰，这一天她因一只脚受伤，穿着呢绒的拖鞋，把脚放在软垫之上，腿部则很端庄地藏而不露。其后到了青春期，他在偷偷地尝试了正常的性活动之后，感到只有类似于保姆的瘦削而有力的脚，才能成为他的性的对象，假如还有其他特点使他记起那位保姆，他便更深受吸引。"

一位朋友打球时遇到一个技术高超的球友，一个相貌平平的中年男人，这个球友很热心地教她打球。起初朋友并没有太注意这个球友，他不属于看一眼能让人心动的类型，而且朋友当初也没有想过男女之情，仅仅是打球而已。有一次打球，正值春夏之交的晚上，和风习习，让人很舒服很放松的环境，球友幽默地演示和讲解动作时，在他们相视的一刹那，她注意到了球友的笑容，那是一种发自内心的可爱的笑容，朋友在那一瞬间动心了，有一种想要给他很多很多爱，让他一直这么开心的冲动，外表从那一刻开始变得不重要了。当然，他们近乎陌生，相互并不了解，尽管她很快调整自己，从这种不恰当的感情中走了出来，但她一直不明白自己为何会动心。直到有一天，她偶然翻看自己多年前的照片，那种纯真可爱的笑容才让她豁然明白，因为被工作和生活中的琐事所缠绕，自己已经很久没有露出那种发自内心的笑容了。不难理解，为什么一张年轻的阳光的脸更容易让人动心，而不是一张衰老的愁苦的脸。你所动心的往往就是你内心想要的，如果你更想要才华，博学的人更容易让你动心；如果你更想要财富，富有的人更容易让你动心；如果你更想要真诚，善良的人更容易让你动心。事实上，这种动心就像一个小女孩很想要一件漂亮裙子，看到商店橱窗里的漂亮裙子就会动心一样。虽然爱情有一定的盲目性，但又并非完全盲目，单纯因为一个人开心的笑就对一个人动心，这显然是盲目的，但为一个人开心的笑而动心，这是因为你也想要这种开心，这似乎又不是盲目的。

爱情包括本能、心灵、理性三部分，但这三部分并非完全孤立的，既有区别又相互作用。每个人的本能大小不同、心灵善恶与强弱不同、理性程度不同，因此，同样是动心，动心程度和理由是不同的。我们通常所说的动心主要是心灵的喜欢，由于心灵往往带有较多的不切实际的幻想因素，往往也最容易盲目。健全你的心灵、丰富你的知识、提高你的理性可以大大降低这种盲目性，恋爱中我们要保持足够的理性，留出足够的相互了解的时间和空间，这样才能做出正确的选择，避免两个不合适的人在一起而增加彼此的痛苦。你一旦动了心，就意味着你的力比多附着于对方，动心以外的其他因素都变得不再重要，除非你能理性地做出判断并调整自己。如果仅通过一些外部条件的匹配而过于匆促地进入婚姻，对于对方的真实想法缺乏足够的了解，就很可能导致婚姻的失败。尽管动心有一定的盲目性，但多用理性了解对方，如果发现你当初的动心是错误的，在爱情之火熊熊燃烧之前及时将它熄灭才是正确的选择。相反，一个你原本不喜欢的人，也有可能因为天长日久的了解而动心，这是日久生情，而不是一见钟情。生活中常常有那种坚持不懈的追求者，追求自己喜欢的人，尽管当初这个被追求的人并没有什么喜欢的感觉，但在长久的被追求的过程中也可能被打动而喜欢上了对方，然后心甘情愿地走到一起，这是在长期的接触与了解中发现了对方某个足以导致心动的特征所致，有可能是他的坚持不懈，也有可能是他的不离不弃与体贴照顾等。

冰封千年，等你来爱

你为了珍惜你自己，造成了莫大的浪费；因为你让美貌在无情的岁月中日渐枯萎，不知道替后世传留下你的绝世容华。

——威廉·莎士比亚《罗密欧与朱丽叶》

岁月在无尽的等待中不安地老去，心在寒冷的冬日里一点点冰冻。看着身边的人一个个投入爱人温暖的怀抱，剩下越来越孤单的你。那个爱你的人，他为什么迟迟没有出现？

越来越多优秀的大龄女性过着单身的生活，加入了"剩女"的队伍，其中包括未婚、离异、丧偶以及婚姻关系名存实亡、长期独立生活的女性，尽管处于适婚年龄，她们却长期没有伴侣。"剩女"之所以剩下，至少在物质、生活、精神上较为独立，没有急迫地依附于男人的需求，因此大部分剩女各方面条件都很好，也比较自立自强，有自己的事业与精神追求，对爱情的看法往往是宁缺毋滥。

"剩女"往往有较为传统保守的性观念，对爱情的忠贞度较高，在爱情中较为被动，这使得她们主动去追求别人的积极性比较低。希望以最快的速度得到想要的东西是人之天性，绝大多数男人往往只考虑到是否占有了一个女人，而不会考虑到容易得到的爱情，也容易与其他男人发生关系。爱情的忠贞往往也对应婚姻中的不离不弃，男人急于与女人发生关系，却又希望与自己发生关系的女人是忠贞的，这本身就是矛盾的。忠贞的女人认为与自己发生关系的男人就是要终生相守的男人，所以在婚恋中较为谨慎，需要用很长时间了解这个男人，这会让一些急于发生关系的男人失望而离开。她们在很短的时间内还来不及确认一个男人是否真想和自己相守终生，这个男人就已经没有耐心或信心等下去了，其实这个急与缓就可以体现出两个人爱情和人生价值观念的不同。

不愿意将就是"剩女"的初衷，但如何主动地获得优秀男人的青睐，"剩女"显然考虑得不够。部分"剩女"自愿选择了单身生活，对于爱情基本已经心灰意冷，也有部分"剩女"急于寻找伴侣，这都是消极的解决办法。"剩女"要想走出目前的生活，首先要对两性关系有正确的认识，部分"剩女"因为自身的优越条件而变得有些矜持和高傲，在婚恋关系上不够主动，自认为我这么优秀理所当然应该得到男人更多的爱。然而，事实却恰恰相反，优秀的女人反而不易得到男人的宠爱，因为与你的优秀相对应的男人很少，能接受你的矜持与高傲的更是少之又少，若要走出"剩女"的困境就必须调整好自己的心态。

普通人家不喜欢养君子兰，但可能会养一些绿萝、吊兰，或者直接在窗台上种满韭菜，虽然没那么名贵，但某些基本的功能类似，同样是植物，同样能进行光合作用，同样能装点居室空间，韭菜甚至更实用，能成为用餐时的佐料。即使把一盆名贵的君子兰送给普通人家，普通人家也未必能懂这盆君子兰的价值，更不懂如何照料，也没有能力细心照料。如果你是一株君子兰，忍受不了自开自谢的孤独，选择了进入普通人家，那就自带土壤与水，不要埋怨，在简朴的环境中茁壮成长不要委屈，否则，你很快就会枯萎得还不如窗台上的一株韭菜。

优秀意味着更多的付出，而不是索取，对社会是如此，对家庭也是如此，所以如果你足够优秀，你注定要照顾别人，而不是被别人照顾。优秀可能意味着懂你的人比较少，而不是人见人爱，如果你足够优秀，有些路注定只能独自走过、独自经历。

一个优秀的男人倘若娶了一个普通的女子，不仅要养活妻子儿女，有时甚至还要帮扶妻子的家人，物质生活会直接受到影响。同样，一个优秀的女人，既要能专注事业为社会创造价值，又要能分心照顾好家人，不得不承受普通女子不必承受的压力。

这个社会上的老弱病残需要正常人来照顾，可是当你独自一人深夜提着很大的行李箱从机场回来，没有人专门去接你；你生病时自己一个人上医院，没有人陪伴；你自己承受所有的工作与生活压力，而没有人分担，如此等等，你大可不必为承受这些而感到委屈，因为你足够优秀才有这个能力。

优秀的女人因为自身有能力而获得较高质量的生活，所以难免对感情生活的质量更为重视，对于男性的背叛在自尊心上更难以承受，往往认为最基本的尊严受到了挑战，会选择宁为玉碎，不为瓦全。然而，部分男人受本能驱使没能约束自己的行为，或者做出违背道德的选择，无论你多么内外兼修，也无法完全保证男人不出轨。女性应提高自己的心理承受能力，重新认识恋爱与婚姻的关系，即使遭遇了男人的背叛，只要自己足够优秀，调整好心态，重新开始新的生活并不难。

女人的优秀本身就会给男人一种无形的压力，这种压力是生存竞争的压力，也是男尊女卑传统思想的压力，这种压力会使某些在世俗的评价方面低于你的男人对你敬而远之，比如收入不如你，或者社会地位不如你等，即使你不在乎这些，对方未必不在乎。普通女子能带给男人的强烈的被需要的虚荣感是优秀女人给不了的，难以激起男人的保护欲，相反可能会激起男人生存竞争的欲望。一个优秀的女人势必要比普通女子付出更多的爱才能让男人感受到，缓解男人的这种压力，避免男人因为自卑情绪而误解你。如果你真的爱他，淡化物质与权力的因素，向他表达你对他灵魂的欣赏。即使你努力付出了，男人也未必一定能懂，有些男人会出于功利的目的与独立强大的女人进入了婚姻，但他有可能会从其他女人身上找寻心灵的慰藉，或者依靠暴力来证明自己的威严。倘若你不巧遇上了，这不是你的错，我们所努力追求的事情，没有哪一件是绝对没有风险的，我们只能要求自己做得更好，无法强求别人做得更好，如果你的努力得不到尊重，该放手时一定及时放手。

尽管现代技术的发展使女人在生存竞争中的体力弱势不再明显，女人在经济社会中越来越独立，越来越强大，但传统男尊女卑思想的改变却并非是一蹴而就的。从本质上说，一些具有传统东方大男子主义思想的男人基本上是在找繁衍后代的工具或仆人，不是在找精神上的欣赏和爱，即便他们娶了一个独立强大的女人，他们依然会把这个女人当作工具或仆人对待，长久的婚姻生活未必要有物质上的大富大贵，精神上的愉悦才是至关重要的。此外，这个社会总会有人在挥洒辛勤的汗水为社会创造价值，有人在不劳而获却觊觎他人的劳动成果，无论男人还是女人，用爱情的光环做遮掩，以婚恋为幌子行骗的人并没有消失，所以即使是"剩女"也不可因为急于寻找另一半而放弃应有的防备，毫无保留地付出，从而成为别有用心的人欺骗的对象。女人要对性与爱的本质有必要的了解，提高对感情的判断能力，适当保护自己。

　　单身不是一种最差的状态，最不济也是一种中间状态，不要因为急于寻求幸福反倒遭遇不幸。传统思想对女人诸如顺从、养育后代、操持家务等评价标准已经深入人心，在短时间内难以改变。优秀的女性往往承担了更多的社会责任与职业压力，有自己独立的思想，很多方面无法两全，人生必然有取有舍，要找到一个能理解并支持你的人。你的优秀与才华不是用来争取一个异性的，而是用来主宰自己生活的。爱来的时候勇敢爱，没有爱情的时候不需要强迫自己进入不想要的婚姻生活，充实地度过单身生活，再转身去遇见你想要的爱情。

爱在不期而遇中

　　照我的命运而论，我是在你之上，可是你不用惧怕富贵。有的人是生来的富贵，有的人是挣来的富贵，有的人是送上来的富贵。你的好运已经向你伸出手来，赶快用你的全副精神抱住它。你应该练习一下怎样才合乎你所将要做的那种人的身份，脱去你卑恭的旧习，放出一些活泼的神气来。对亲戚不妨分庭抗礼，对仆人不妨摆摆架子，你嘴里要鼓唇弄舌地谈些国家大事，装出一副矜持的样子。

　　　　　　　　　　——威廉·莎士比亚《第十二夜》

　　每个人都渴望爱、渴望被爱，然而除了爱与被爱，我们渴望的东西还有很多。我们所渴望的与我们所得到的并不对等，没有一种人生是完美得没有缺憾的，得到一些，失去一些，这是人生的常态，爱与被爱同样如此。

　　人生不只有爱情，还有更远更广阔的世界，没有男女之情的小爱，也可以有爱天下苍生的大爱。人们总是忽略已经拥有的，去追寻自己没有的，有爱情的人生未必没有缺憾，然而我们却常常纠结在爱情的缺憾中，将之视为生命中一时一刻也不能缺少的存在，因而不能放眼更大的世界，忽略太多的美好。为了弥补这种缺憾，很多人终其一生苦苦寻找，恨不能寻遍世界筛选出最符合自己要求、最能满足自己愿望的人。越是认为爱情不可或缺，得不到时缺憾感越重，也就越是焦虑。与这种缺憾感相对应的是，各种相亲机构纷纷成立，有些别有用心之人虎视眈眈，借此机会从中牟利。

在信息严重不对称的市场上，寻找的成本非常之大。从寻找工作机会的过程中可以看到，倘若你是在工作中遇到新的升迁或跳槽机会，一切自然水到渠成；倘若你想去劳动力市场上寻得一份满意的工作，耗费的时间成本要大许多，这未必是你没有足够的水平或能力，而是这份寻找的概率太低，劳动力市场上要恰好有一份能让你的水平与能力得到充分发挥的工作岗位，并且想要获得这份工作的竞争者不是很多。这些竞争者未必要在水平与能力上超过你，重要的是提供这个工作机会的企业会从众多的求职信息中发现你，大多数时候，人力资源部门的人员不会看完所有的简历，即使看了简历，你的水平与能力也未必能在简历上体现出来，看的人也未必想法都一致。你的能力与水平越高，与你的能力与水平对等的工作机会就越少，如果你愿意将就，找一份凑合的工作，只是解决挣一份工资谋生的问题，你的能力与水平会帮到你。然而，一夫一妻制的婚姻不同于工作，你不能在想将就的时候将就，不想将就的时候就更换。找爱情与找工作其实有几分类似，你越优秀，寻找的时间成本越大，找到能对等交流的对象的可能性越小，所以你越优秀，孤独越会是一种常态，无论事业与爱情都是如此，如果你站在金字塔的顶端，你注定只能"独孤求败"。

苦苦寻找的人，必然有所求，一开始就可能带有太多功利的目的，或许这也可以是婚姻的方式，找一种还算公平的交易，了此余生，但这不是好的爱情的方式。既然是交易，为了卖得更好的价钱，难免有包装、有套路、有算计、有隐瞒。

完美的爱情大都不是刻意找来的，而是在对的时间、对的地点遇到对的人。人生有无数的舞台，之所以能遇见，是因为有过类似的舞台，而相似的文化修养、兴趣爱好、知识经历会有力提高这种相遇的可能性，这是爱情长久相处的精神基础，而非刻意找来的物质、权力等基础。平等的灵魂，是爱情长久的重要前提，而刻意寻找的，却可能是处心积虑而争取来的，你能得到想要的物质、地位，却未必能得到平等的爱情。

人生是从生的起点走向死亡终点的单行线，每个人的开始和结局都是相同的，而过程却千差万别，可以跌宕起伏、可以精彩纷呈、可以平淡无奇……怎样的过程取决于你怎样的努力，而不是依靠别人来帮你装饰。在信息不对称的茫茫人海里寻找，需要耗费巨大的时间与精力，你浪费时间与精力苦苦寻找时，别人却用同样甚至更多的时间在经营自己的人生，因此，与别人精彩纷呈的人生平行的，或许是你人生的黯淡无光。即使你有幸找到了你想要的人，并陪伴他精彩纷呈的人生，然而你却没有欣赏的能力，你能看到的只有表象，因为不曾亲身经历过，就不能真正感受到精彩灵魂的方向，不同的视野和高度使得你们永远无法达到心灵共通的默契。所以，与其刻意去寻找和追求，倒不如去丰富自己的人生，在你精彩的时刻，倾慕者会来，爱情和幸福也会来。

爱情最起码产生在两个聊得来的朋友之间，有可以沟通的共同语言，彼此懂得对方的内心世界，彼此欣赏对方的灵魂，这种惺惺相惜能抵御外来侵蚀的力量，是一切凭借外在条件的交易得来的两性关系所无法比拟的。

空气中弥漫着爱的味道

" 人世间有那么一种爱，

可以让人从谷底冲上巅峰、

从沉重变得轻松、

从阴影走向阳光。

那一刻，是雄鹰越过天际、

是急流汇入大海、

是快马奔向平原。

那一刻，是永恒。**"**

我需要你，你的全部

我在心头爱着你，因为我的心得不到你的爱；我在心里爱着你，因为你已经占据了我的心；我在心儿外面爱着你，因为我已经为你失去我的心。

——威廉·莎士比亚《爱的徒劳》

爱情需要自由、需要空间，尽管我们都试图给对方足够的信任，让自己不要胡思乱想；也希望自己能心胸宽广，在爱情中不要计较付出，可是爱情真的和其他事情有很大不同，即使刚开始我们都以为自己可以拿得起放得下，爱着爱着，我们就可能失去控制。很多时候，明明知道对方是正常的社会交往，我们却会心生嫉妒；明明我们对身边的人很友好，却偏偏对爱的人矜持得不肯有丝毫的付出，其实我们是在为自己感情的付出寻找平衡，心里越是在意对方，越需要对方用更多的爱来填补自己的感情空白。

占有欲是一种很正常的心理行为，每个人在现实生活中，碰到自己喜欢的人和事，都会有不同程度的占有欲，父母与子女、孩子对自己喜欢的玩具、少女对橱窗里漂亮的衣服、成年人对自己喜欢的车或房子等，如果有机会将这世间的稀世珍宝全部占为己有，很少有人能抗拒。即使在要好的朋友之间，在上司与下属之间，也难免存在或多或少的感情上的占有，只是没有一种感情的占有欲和爱情一样如此强烈与排他。占有欲的产生无非是一种寻求安全感的本能，你怕你喜欢的东西被别人抢走，你喜欢一个人，你非常地爱他，因此害怕失去他，内心会非常强烈地想独自占有对方。

如果没有占有欲，这世界上一切财物就都是公有的了，你辛勤劳动所获得的成果随时可能被不劳而获的人占为己有。很显然，适当的占有欲是有利于社会发展的，这种占有欲能推动人们不断去劳动、去思考、去创造，以获得更多更好的物质财富。爱情中保持适当的占有欲也是有利的，这种占有欲可以让你愿意为对方付出，同时不断提高自己，改善你们之间的关系，让你爱的人同样爱你。相爱在一定程度上是一种相互占有，彼此珍视对方，专一于对方。爱是为了使对方快乐而无私的付出，爱情中的占有欲是以爱的名义去占有对方，占有是为了满足自己，使自己和对方都快乐。显然，爱情中很大的成分是占有。当你看到爱人赞美其他异性，与其他异性相处得很愉快，甚至有某些亲密的动作时，你就会认为你们的亲密关系受到了外来的竞争与威胁，心中感到不快，甚至试图中止他们的交往。

尽管人们对自己喜欢的东西都有占有欲，但爱情中如此强烈的占有欲与亲情、友情等其他感情有很大不同，亲情、友情可以共享，而爱情是强烈排他的。所以，爱情不能绝对地来去自由，多少会带有占有与控制，重要的是在恋爱中适当把握好占有与控制对方的度，以及适应被对方占有与控制的度，尽量使两个人都能接受，而不至于形成压力与负担。恋爱时，尤其热恋时这种喜欢的狂热程度，的确是对一般事物的喜欢程度所不能比拟的，恋爱双方因此而努力付出，并期望获得对方的好感，试图完全占有对方以满足自己的安全感，这些都在情理之中。两个人合二为一，自然是我们在爱情中期望的最高境界，但事实上，无论我们的身体靠得多近，两个人也不可能彻底融合，每个人承担着不同的社会角色，有自己独立的思想，有需要独自面对与解决的问题，无论怎样的征服与拥有，也改变不了彼此的独立。

情杀案一直是故意杀人案中比例较高的案件种类，此外，因情而导致的各种伤害案件也层出不穷。情侣都会介意对方和其他异性有亲密的接触，这在我们生活中显然会被视为理所当然。不过，当这种介意演变成了人身伤害，显然不能用爱来解释，因为爱一个人应该是让对方快乐，而不是仅仅让自己快乐。

对恋爱对象的强烈的占有欲是对其基因传播的一种本能控制，也就是说试图使自己成为对方基因的唯一传播渠道，通过与对方完成繁衍的方式将这种基因延续下来。性本能对基因的占有欲并非只有人类才有，这种本能上的控制从动物身上也可以看到。据希罗多德记载，阿拉伯有一种蛇叫翼蛇，当雄蛇和雌蛇交尾而雄蛇射精的时候，雌蛇便咬住雄蛇的颈部紧紧不放，直到把颈部咬断，将雄蛇咬死。雌蛇咬死雄蛇就达到了对雄蛇基因的完全控制，雌蛇成为被咬死的雄蛇基因的唯一获得者，同时使它们的后代在生存竞争中减少了资源竞争者，因为雄蛇将不再有其他后代。类似的例子并非个案，许多低等动物都存在这种本能。

对于有些昆虫在交配完成后，雌性昆虫会吃掉雄性昆虫的行为，部分科学家将其解释为补充雌性昆虫交配与排卵过程中耗费的能量，使雌性昆虫有足够的营养维持生存、完成繁衍。无疑，捕食是生存竞争的需要，对于作为低等动物的昆虫而言，雌性交配后吃掉雄性与日常的捕食行为没有区别，仅仅是那只雄性正好在嘴边而已。昆虫并没有人类所谓的爱情，在交配时并没有任何思考行为，仅仅是本能的交配行为而已，所以也就不必区分是吃掉自己的爱侣，还是吃掉别人的爱侣，甚至有可能分不清楚吃掉的是其他昆虫还是同类。但笔者以为，这种吃掉交配对象的行为很可能有另一个作用，那就是达到对基因的占有，避免和自己交配的雄性再去和其他雌性交配，一次性消除基因传播的任何途径，因为有些雌性动物在交配完成后杀死雄性交配对象并不以食用为目的，仅仅是将其杀死而已。

雄蜂与雌蜂交配后，雄蜂就会死去，这甚至不需要雌蜂直接将其杀死，而是在交配过程中，雄蜂的生殖器会断掉，留在雌蜂体内，随后雄蜂就会死去。蜂王在飞行中进行交尾，一生只在一定时间内交尾一次或数次。交尾后，蜂王将精子贮存在受精囊内，可供一生之中卵细胞受精使用。因此，交配一次后，雄蜂就已经没有任何交配价值了，雌蜂的这种能力或许也是为了保证对雄蜂的基因占有。交配时，蜂王（雌性）从巢中飞出，雄蜂随后追逐，这个动作被称为婚飞。蜂王的婚飞择偶是通过飞行比赛进行的，只有获胜的雄蜂才能成为其配偶。交配后雄蜂的生殖器脱落在蜂王的生殖器中，此时这只雄蜂也就完成了它一生的使命。参与交配的"幸运"的雄蜂是雌蜂在成百上千只雄蜂中选择的最优的交配对象，这只雄蜂的死能让蜂王独一无二地占有这只雄蜂的优良基因。

自然界中，除了雌性占有雄性的基因之外，雄性占有雌性基因的手段也很多。雄性绿纹白蝴蝶在交配过程中进入雌性体内的液体能发出较为强烈的气味，阻止其它竞争对手的交配，借此保证自己对交配对象的基因占有。圆蛛在交配过程中，雄性圆蛛将精液注入雌性体内后，就会立刻死去，它的触须会保留在雌蛛体内并且保持膨胀状态，很难从雌蛛体内拔出，插在雌蛛体内的触须将成为其它雄蛛与这只雌蛛交配的障碍，交配过的雌蛛就没有机会与其它雄蛛交配了，完成交配的雄蛛也就能够确保独享这只雌蛛的繁衍权。当然，雌性圆蛛也有可能在交配过程中吃掉雄性圆蛛。

尽管一些低等动物的占有欲看起来很残忍，但后代需要抚养的很多鸟类、哺乳动物等则不可能用这种置对方于死地的占有手段，不少鸟类没有任何占有手段也会终生只忠于一个伴侣，正如我们人类所歌颂的不离不弃、白头偕老的爱情。人类的后代在出生后需要抚养，本能上的占有欲不会像低等动物那么极端，人类文明也不允许像低等动物一样使用如此极端的手段，每个人本能上的占有欲望都需要靠理性去控制。

恋爱这门课程一直没有在学校与家庭教育中得到足够的重视，某些娱乐性的电影、电视、书籍为提高收视率（销量）往往做出的不是正向的引导，而是负面的引导，所以很多人对爱情缺乏理性的理解，难以很好地把握分寸。进入青春期，当本能的冲动驱使我们去寻求异性的时候，我们的懵懂无知使得我们在处理很多棘手问题时会有些措手不及，无法治愈自己内心的伤痛，也无法顾及其他人的感受，容易走向极端，任凭本能的冲动做出愚蠢的无法挽回的行为。

过于强烈的占有欲容易给对方形成过大的压力和束缚，在恋爱早期，由于双方都有这种强烈的占有欲，也希望感受到被占有、被重视的感觉，因此这种占有欲有时也会增进双方的感情。但倘若一方想要先退出，这种占有欲就会带来巨大的问题，即使恋情能勉强继续，长此以往势必有一方会难以承受，并试图从这种囚禁的感觉中逃离出来。每个人都是单独的个体，给对方适当的空间与自由，才能没有冲突地共存。恋爱期间可以适当将自己的注意力转移到事业与兴趣爱好中，维持一些正常的社会交往，避免把注意力过分集中在对方身上。以爱的名义相要挟，去控制对方，只会使对方离开得更快。

恋爱是相互了解的过程，不一定所有的恋爱都适合走入婚姻，即使走入了婚姻，也有可能发现彼此不合适，所以分手也是恋爱中常出现的现象，需要有心理准备，需要正确看待，在该放手的时候放手，过多的纠缠会耗费大量时间与精力，对双方都不利。

本能上的占有欲需要通过理性去调整。对于恋爱中的男女而言，为尽量避免可能的伤害，需要正确对待自己的恋情，真诚对待对方的感情，同时慎重选择恋爱的对象。完全没有占有欲，这显然违背人性，但在适当的时候学会放弃也是一种智慧，真正相爱的人会忠于对方，顾及对方的感受，与其他异性保持适当的距离。倘若已经不再相爱了，纠缠便没有意义，伤害对方更是违背道德与法律的行为，在伤害对方的同时也毁了自己的前程，不如开始新的生活，用更好的自己去等待那个真正爱你的人。毕竟过去的已经过去了，你能拥有的只有未来，为一个不爱你的人毁了自己的未来显然不值得。

爱情中，除了本能的占有欲之外，还承载了太多隐藏在爱的名义之下的一己私欲，比如对对方物质、权力的占有欲望等，一方可能试图不劳而获地占有对方财物。有时候，害怕失去所爱的人，仅仅是因为害怕失去对方带来的财富、名望等，并非真正地在乎对方。在爱情中适当保持理性，可以在保护自己的同时，控制住自己不恰当的欲望，在决定做某件事的时候，不妨想想这样做是因为爱着对方，希望对方开心，还是因为自己的需要，是因为调整不了自己的心态，才找借口做出伤害对方的行为。爱需要为对方着想，为对方做出必要的付出和牺牲。每个人都是独立的，没有谁是谁的私有财产，给予足够的尊重，保持应有的界限，才是健康的爱的方式。使用暴力威胁，甚至通过限制人身自由的方式来控制对方，是非常不理智的行为，对双方身心健康都会造成消极影响。用平等的态度来对待爱人，尊重对方的人格和自由，不把爱人当成自己的附属品看待，才可以避免无辜的伤害。失去任何自己喜欢的事物都会有坏情绪，调整与控制自己的情绪，让自己的生活能正常继续，同时又不危害别人的正常生活，这是爱情中最起码的底线。

那一场我中有你的缠绵

> 仅仅是爱的影子，已经给人这样丰富的欢乐，要是
> 能占有爱的本身，那该有多么甜蜜！
>
> ——威廉·莎士比亚《罗密欧与朱丽叶》

那一次不经意的回头，恰巧与他抬头的一瞬间四目相对，你在他炯炯的目光中沦陷，成为他的行星，绕着他旋转成了你唯一前进的轨道，只有他，能让你感受到炽热燃烧的温暖与光明。他熊熊燃烧的火焰将你融化，那一刹那的缠绵，他中有你，你中有他。

人们平常所说的爱情太过于笼统，很多时候，有些人并没有严格区分人类意识形态里的爱情与动物的原始本能的欲望，而把性本能错误地理解成了爱情。如果你能理解强奸犯对于受害者、嫖客对于妓女的感觉不能用爱情两个字来形容，你就能理解性不能等同于爱。

性源于物种繁衍的本能，并非人类独有。如达尔文所言，"在

自然状态下，几乎每一种植物都产籽，而动物之中，几乎无不年年交配。"自然界中的各种动物并不需要人类的指导，会很自然地完成觅食与交配活动，达到生存与繁衍的目的，甚至连植物也会很自然地完成授粉的过程，所以人类的性也是自然而然的。没有了性，人类也就灭亡了，我们要做的不是回避，不是遮遮掩掩，而是以更好的方式对待。

马尔萨斯指出，"（我们）存在以下两条人类本性的不变法则，其一，食物为人类生存所必需；其二，两性间的情欲是必然的，而且几乎会继续保持现状。"生存与繁衍是物种得以存续的两大本能，纯粹为了获得性而付出与为了获得食物而付出类似，是一种本能的付出和对欲望的追求。很多雄性动物会为了争夺与雌性动物的交配权而相互争斗，并保护自己的领地，这也仅仅是一种繁衍的本能，不能简单地解释为爱情。色情业的交易中，一方为获得另一方的性而付出金钱，显然不能简单地解释为爱情。很多时候，还有很多隐蔽的情色交易，不像色情业那么直接，有的人就认为那不是性交易，而错误地认为那是爱情。

性行为带来的快感与味觉带来的快感一样，是一种肉体上的欢愉，很多人把性当成了爱，同时并不了解性的易变特征，当性的愉悦感褪去之后，才发现自己并不想和所谓的"爱人"共度一生。性行为的目的是取悦自己，就像享用美食是为了取悦自己一样，和对方的身体接触只是为了自己达到快感，满足自己身体的欲望，无论这个过程有多么愉悦，都不能说是爱。

现存的人类文明很大程度上是靠意志和理性来维持的，而不是靠本能。只有具有意志和理性的爱情才有可能放弃本能上的一些欲望，为所爱的人付出，而不仅仅为了谋取自身的利益。当然，并不是说禁欲才是爱，但爱必然是有所节制的，我们并不希望这种节制是被迫和有压力的，而希望这是一种升华，是双方灵魂上的彼此仰慕与欣赏，并强烈渴望对方成为自己唯一的终生伴侣。两个经济独立、精神独立且相互欣赏与尊重的人，彼此支持对方，一起磨砺成长，共同经历人生的喜怒哀乐，这种爱情的境界显然比纯粹本能的境界更能获得长久的愉悦。即使不为繁衍的目的，不为肉体的需要，也没有从对方那里获得金钱与权力的欲望，双方具有独立生活能力而不必依附对方，还喜欢在一起，还能彼此欣赏与相互尊重，才有可能达到这种精神上的爱的境界。

不可否认，每个人都有自己的欲望，我们不是神，不可能要求做到完全的奉献而毫不希望有所回报，但只要这种欲望不以伤害对方或第三方的利益为前提，就是道德的。爱与性常常交织在一起，即没有纯粹的爱，从心灵深处相互喜欢，并且为了获得对方的喜欢而提高自己，帮助喜欢的人成长，这种欲望就是积极可取的。就如同我们用敬业的工作获得薪水，满足自己物质上的欲望，我们从来都不会谴责这种欲望，正因为这种欲望的存在，才有人类社会物质产品的不断丰富、科学技术的不断发展，带来人类物质文明的进步。我们用良好的道德品质获得人们的尊敬，满足自己精神上的欲望，正因为这种欲望的存在，才会有人类精神文明的进步。崇高的爱，就是值得人们尊敬的精神文明。

简单地说，性是本能的欲望，爱是一个善良正直的人发自心灵的美好愿望，以及为实现这种美好愿望而心甘情愿的付出与牺牲。爱不排除性，但不能只有性，爱甚至可以没有性。性可以排除爱，而仅仅是性。现代人的生活节奏加快，很多人对性与爱缺乏必要的了解，仅仅通过外在条件的比对，在本能的欲望或热恋的冲动中匆匆闪婚，缺乏必要的感情基础，这就导致了结合得快、分手也快，不得不闪离。长久的爱情一定是精神世界的，而不是物质世界的性与金钱的交易，如果你想要的是爱而不是交易，就不能过于看重外在条件，需要更多地关注对方的精神层面，诸如道德品质、价值观、文化修养、思想高度等。

我的身体，你的心

比起男人的变换心肠来，女人的变换装束还是不算怎么一回事的。

——威廉·莎士比亚《维洛那二绅士》

不可否认，男人同样有爱的需求，女人同样有性的需求，然而男人对性的需求远远大于女人，女人对爱的需求要远远大于男人。可以说，有些时候男人想要的是女人的身体，而女人想要的是男人的心。为何男女会有如此重大的不同呢？

很多男人，尤其是文化修养不高的男人，认为性并不需要附带感情上的喜欢或者相爱，对女人的学识、文化、道德等内在条件，以及经济、社会地位等外在因素也都不在乎，性就是性，是一种器官上的快感，就像美食一样，可以是法式大餐，可以是家常菜，也可以是快餐。通常来说，男人在性方面不如女人专一，对女人而言，更换性伴侣可能等同于更换了一个爱人，比如很多感情失败或丧偶的女人都会选择一个人孤独终老或独自抚养孩子，而男人往往会寻找新的异性，重新组建家庭。

女人往往不会纯粹带着性的目的与一个不喜欢或不相爱的男人发生关系，对女人而言，不以感情为前提的性带来的感觉是肮脏的、恶心的，除非某些女人希望通过性交易获得物质、权力等而自愿这么做。女人通常更倾向于在较长时间段内拥有一个稳定的伴侣，很少有同时拥有多个伴侣的情况。生理结构决定了女人必须承担孕育后代的责任，对女人而言，性不仅仅是性，性可能意味着怀孕、生育、流产等问题。因而，对女人而言，性不仅仅是器官上的快感，还需要有一种安全感、一种守护的感情因素。

很多男人追求女人是为了取悦对方，满足自己的需求，而一旦占有了对方，本能的繁衍行为已经完成，剩下的事情就都不重要了。这里的繁衍行为并不一定是实质上的生儿育女，性行为的发生即可视为本能的繁衍行为的完成。男人想要的是繁衍的结果，往往目的性太强，过于急功近利，常常急于发生关系而忽略发生关系的对象。女人更在乎的不是有没有发生关系，而是和谁发生了关系，女人希望男人是因为爱而与自己发生关系，然而男人可能仅仅是因为需求而发生关系，与爱无关。女人一般很难和自己不爱的男人发生关系，并且女人往往要求能感受到被爱，哪怕是错误地感受到，因为她们想要得到的是心灵上的快乐，一种被爱的安全感和温暖感。如果不是为了交易目的或企图通过性关系取得男人的财富与地位，女人和一个男人发生性行为要么是感受到了这个男人的爱，要么是幻想能得到这个男人的爱。

人们常说男人是野生动物，女人是筑巢动物，这是雄性动物为了繁衍更多后代、雌性动物需要孕育后代的自然选择结果。性本能的存在是繁衍的需要，以达到基因传播的目的，既然是传播，就需要寻求更多的繁衍对象。男性和女性在生理结构上有巨大的差异，男性精子无数，随时可以产生，自然是基因的广泛传播者，且不需要承担怀孕的责任，具有广泛传播的先天身体优势，所以男人在性的需求和主动性上要大于女人，甚至于部分男人希望占有更多的女人。女性基本上每月才产生一个卵子，繁衍后代时还需要十月怀胎，很显然女人更像是基因的接受者，所以女人在本能上更倾向于寻找安全感，得到繁衍期间的保护，在情感的需求上要大于男人。女人显然不会想要一个和自己发生完关系后就转身离去的男人，留下自己独自孕育后代，所以女人需要爱，需要男人长久的陪伴。

正因为女性是基因的接受者，女性在爱情中更为专一，在面对爱人发生重大变故时，比如疾病、牢狱之灾、事业失败等，女性更能保持不离不弃、坚守到底，当然前提是这个女性爱着对方。因为物质、权力等因素而依附于男人的女人，在男人失去物质、权力的优势地位后，自然会离男人而去。女人很少会因为缺少性生活而移情其他的男人，因感情受到伤害而感到失望和绝望则容易成为她们离去的理由，而且这种失望和绝望通常也很难挽回。很多女性因为相信男人的爱情而结婚怀孕，又因为男人出轨或缺少照顾的失望而离异，她清醒地意识到那个男人的爱情根本不存在，提供不了繁衍期的保护，所以女性在怀孕与生育、哺育期的感情破裂往往是婚姻破裂的高发期。如果一个女人在生育期间得到了丈夫很好的照顾，这个女人往往会更爱她的丈夫，夫妻感情也就更为稳定和甜蜜。

由于女人重视爱情中的感情因素，一旦伤透了心，认定了对方不爱自己，不是能够为自己提供保护的男人，也就比较决绝。有的男人为了性和女人在一起，所以具有更广泛的接纳度，只要性还在，很多东西无所谓，不介意回头找曾经分手的女友，不介意没有爱情的婚姻。因为女人要的是爱，所以当女人对一个男人的幻想破灭后，可能对其他男人的幻想也同时减少了，也有可能比较安于现状，为了家庭和子女教育，女人也会坚守家庭、维持婚姻，但对这个男人会明显变得冷淡许多，尽管不得不与他生活在一起，内心却是极其抗拒的，除非有重大事件改变她的看法。

显然，由于女人掌握着繁衍的最终环节，一个男人能不能提供繁衍期的保护，才是女人在性关系中考虑的重要因素。男性的强大是提供繁衍期间保护的重要因素之一，但爱同样是重要的因素，即使一个男人不够强大，但能在感情上给予足够的安全感，往往也是女人考虑的婚恋对象，所以女人在爱情中更想要的是爱，而不是性。我们可以用美食来举例，对于女人而言，想要的爱情很可能是和最爱的人尝尽世间所有美食，对于男人而言，想要的爱情很可能是和世间所有喜欢的女人品尝美食，这或许是男人与女人难以调和的矛盾。

精神文明的修养可以淡化本能反应。在婚姻关系中，具备一定修养的男人显然不仅仅有本能的因素，会有更多精神文化方面的因素对婚恋观念形成影响，深爱并忠贞于妻子的男人也不在少数。如达尔文所指出的，"很多习惯性的活动是如何地在不知不觉中完成的，甚至与我们的意志背道相驰者也不罕见啊！然而，它们会被意志和理性所改变。"一些精神追求达到较高层次的人，甚至完全脱离了本能意义，升华到社会意义上的更高层次，很多卓越的哲学家、科学家终生不曾婚育，例如亚当·斯密、诺贝尔、牛顿、柏拉图等。

用你的气息沐浴我

　　她已经和我合成一体，离开她就是离开我自己。看不见她，世上还有什么光明？没有和她在一起，世上还有什么乐趣？我只好闭上眼睛假想她在旁边，用这样美好的幻影寻求片刻的陶醉。除非夜间有她陪着我，夜莺的歌唱只是不入耳的噪声。除非白天有她在我的面前，否则我的生命将是一个不见天日的长夜。她是我生命的精华，没有她的滋养，我会干枯憔悴而死。

　　　　　　　　　——威廉·莎士比亚《维洛那二绅士》

　　当爱情之火熊熊燃烧，我们身体的每一寸肌肤都渴望与对方靠近，期待对方的抚摸、亲吻，期待与对方有最亲密无间的接触。爱情之火之所以能熊熊燃烧，在于爱情能带来快乐，这种快乐包括现实中的快乐，也包括幻想中的快乐，我们通过三个方面来感知爱情带来的快乐，这三个方面分别是本能、心灵、理性。现在，先用你的身体感知快乐。

　　用本能去恋爱，所使用到的器官主要是性器官，你所感受到的快乐也主要是性器官的快乐，性器官的快感主要来自我们的下身，男人更是如此，而女人还有上身靠近心脏位置的乳房作为第二性征器官感受性的兴奋。弗洛伊德指出，"性的本能与营养本能类似，是一种力量，我们借助于这种力量去得到性与营养，性的本能是力比多，营养本能是饥饿。当我们感受到饥饿时，我们就会去找食物吃以补充营养，同样当我们感受到力比多时，我们就会去寻找异性，以达到性的满足。"用本能去恋爱，性器官的快感如同品尝食物时味觉的快感，但也有区别，性交的快乐无疑对多数人而言是更为强烈与刺激的快乐，没有哪个器官的接触能像性器官的接触一样有这么强烈的快感。

　　接着，让我们用心灵去恋爱，尽管心灵并不能简单地等同于心脏，但心灵与心脏有很大的关系，我们所有的喜怒哀乐等情绪变化都会对心脏产生较大的影响，医生会建议心脏病人控制情绪、平和心态，避免精神紧张及情绪激动，我们在恋爱中也经常会用心动、心碎之类的词。当我们用心去感受某件事情的时候，我们的感觉是处于心脏至大脑之间的区域的。当你用心灵去恋爱时，你不再用性器官去感知这个人，而是用心灵去感知这个人，你会用艺术的美的眼光去欣赏他，比如他轮廓分明的脸、伟岸的身躯、深邃的眼睛，同时你也会更关注他的所思所想，比如他一皱眉头，你就担心他有心事。你们一起想象未来的家，幻想在海边有座房子，你们所构建的未来生活仅属于你们两个人的梦想。心灵的恋爱带来的快乐，是情感的交流与依恋的快乐，你获得一种前所未有的受到重视甚至珍视的感觉，有人把你对未来生活的梦想当成自己的梦想，你的心事有人听，你的行踪有人关注，你生病了有人牵挂，下雨了有人帮你带伞，天冷了有人提醒你添加衣物，这种心灵的温暖能转变为由衷的快乐。另外，看到好玩的想和你一起玩，看到好吃的想和你一起吃，看到美的事物想和你一起欣赏，看到你开心他就觉得开心，如此等等，这能给你带来心灵上的极大满足感与安全感，因而会带来心灵的快乐。

　　最后，我们用理性去恋爱，理性是靠大脑的，这个人的价值观、学识、地位、经济能力、艺术造诣等可能正是你想要的，于是你选择了他，你想和他组建家庭。又可能仅仅因为他能在本能上满足你，你很清楚地知道这是你最需要的，你不需要从他身上取得其他的东西，或者他没有能力给你其他的东西，但最终你选择了他。理性可以约束自己的行为，比如你本来不喜欢这个人，但因为这个人会给你物质的利益，你为了物质利益而选择和这个人在一起。或者你本来喜欢一个人，可是出于法律与道德的约束，你避免了和这个人在一起。理性的恋爱带来的快乐是他能满足你某些现实的、理性的需求而带来的快乐，是一种有节制的谨慎的快乐，考虑得比较长远与全面。当你的理性喜欢一个人的时候，你判断你们在一起对你是有利的，所以你们在一起能感受到快乐。

本能、心灵、理性三者从你的身体由下至上，位置一层比一层高，越低的层次越放纵，感官的享受越刺激，越高的层次越节制，感官的享受越平和。不过，三者并非绝对分立的，往往是结合在一起的，三者如何结合决定了爱情的火焰烧出的热度。

理性可以降低爱情的狂热程度，试想一下，我们在本能之上增加理性的因素，你慢慢闭上眼睛，想象一幅画面，画面里只有两个人——你和你爱的人。你爱他，想拥抱他，想感受他的气息，你的身体一点点靠近他，你希望他也能靠近你，但是他用平静的声音对你说："对不起，我已经结婚了，我该走了。"此时，理性会让你爱情的火焰迅速降温。

心灵可以提高爱情的狂热程度，试想一下，我们在本能之上增加心灵的因素，你慢慢闭上眼睛，想象一幅画面，画面里只有两个人——你和你爱的人。你爱他，你今生今世只爱他一个人，你想拥抱他，你想感受他的气息，你的身体一点点靠近他，甚至你希望他进入你的身体与你合二为一，他毫不犹豫地配合着你，用温柔的声音在你耳边说："我爱你，永远。"你们紧紧缠绕在一起。

心灵往往还带有想象和幻想的因素，使得这把火不仅可以烧得更旺而且可以烧得更久。他走了，你开始日夜思念他，他的每一个爱抚、每一句情话依然萦绕在你的心头，你相信他一定会再回来，因为你感受到他是那么地爱你，那么地需要你。日复一日、年复一年地过去了，别人都劝你别等了，他不会再回来了，你告诉自己这不可能，他是爱你的，他走的时候说过让你等他，他说过今生只爱你一个人，他说过一定会回来娶你。你停留在那个美好的画面里，那是你一生中经历的最美好的一个晚上，只属于你和他，再也没有人能给你那么美妙的夜晚，今生今世，你只属于他。

心灵的喜欢可以促进本能的喜欢，放纵你的心灵会使爱情之火烧得更旺，理性则可以控制你的心灵，让你重回现实。想象力比较丰富的人，更易使心灵纵横驰骋，艺术家比较富有想象力，往往更有激情，通常女人比男人更爱想象，更难以控制自己的感情。不过，当你了解了爱情上述三个方面，你就能更好地控制自己的感情，使之不要偏离正常的轨道，不要践踏道德与法律的底线，不要破坏自己与别人的正常生活，尤其是女人，千万不要与已婚男人发生婚外的性关系，错误地把男人的性等同于爱。

终有一天，我懂了你

我承认我是在恋爱了。要是我向爱情拔剑作战，可以把我从这种堕落的思想中拯救出来的话，我就要把欲望作为我的俘虏，让无论哪一个法国宫廷里的朝士用一些新式的礼节把它赎去。我不屑于叹气，我想我应该发誓把丘比特征服。安慰我，哪几个伟大的人物是曾经恋爱过的？

——威廉·莎士比亚《爱的徒劳》

尽管男人的性需求要远远超过女人，但有那么一个阶段，女人的性需求会大大上升，人们常用三十如狼、四十如虎来形容女性在三十多岁至四十多岁的年龄段里较强的性欲。虽然并不如字面上形容得如此严重，但女性在三十岁以后的性欲的确有所增长。如果不受到外界的性刺激，比如男人的挑逗与爱抚、相关书籍的描写、相关视频音像的播放等，通常三十岁以前的女人主动的性需求不大，三十岁以后的女人则逐渐开始有比较强烈的主动的性需要，是什么因素导致女人身体反应上有如此变化呢？

《精子战争》中说："如果让男性来选择，他们倾向于选择正值繁殖巅峰时期（从20岁到35岁之间）的女性。"《理想国》也说："女人应该从20岁到40岁为国家抚养儿女，男人应当从过了跑步速度最快的年龄到55岁。"性本能源于繁衍的需要，从物种繁衍的角度看，三十如狼、四十如虎应是女性在繁衍能力下降直至丧失生育功能前急于寻求繁衍的本能反应。

由于20岁到30岁是女人生育的高峰期，此后女性随着年龄的增长，繁衍能力会降低，五十岁左右往往会进入更年期，并逐渐丧失繁衍能力，因而在丧失繁衍能力前，身体会有本能上急于寻求繁衍的生理反应。当然，人体的正常生理反应，不会像如狼似虎的字面描述得这般严重，正如一些男人以控制不住自己的冲动作为婚外性关系的借口一样，事实上并不存在完全无法控制的情况，在于想不想控制，以及如何控制和转移。

既然三十如狼、四十如虎是女性身体的本能反应，倘若女性在这个年龄阶段没有伴侣，生活是否会受到很严重的影响呢？并不尽然，一个身心都健康的女性，产生欲望是再正常不过的生理现象，远远不可能达到不可承受或不能忍受的程度。尽管欲望强弱因人而异，本能的反应是能被很多精神追求的因素所淡化的，事业、读书、旅行、运动等很多因素会占据生活中的时间，可以将注意力转移到其他方面。一般来说，家庭主妇往往在性的需求方面要多于白领，女性在这个时期可以有意识地丰富自己的精神生活，多一些事业上的追求。

社会制度与舆论对性行为的禁忌、个人的道德观念对性行为的抑制等心理上的因素也会降低一些本能的反应。不同的文化教育与观念，对性本能的影响也就不同，同一女性的性观念也有可能随着时间和经历的变化而发生变化。

欲望本身并不会带来疾病，过多的欲望无法满足才会对身心健康造成影响。弗洛伊德在《精神分析引论》一书中指出，"实际神经病的单纯形式有三种：神经衰弱、焦虑性神经病、忧郁症。人们若没有满足自己力比多（性本能冲动的力量）的可能，就容易患神经病。人们可以有许多方法来忍受力比多满足的缺乏而不至于发病，性的冲动异常地富于弹性。至于是否因此致病，那往往是一个量的问题了。一个人只有到了自我不能处理力比多的时候，才会患神经病。自我越强大，则处理力比多也越容易；自我的能力每一次减弱，无论由于何种原因，都能使力比多增加要求，从而增加患神经病的可能。一个女人若越喜欢性交且越有满足的能力，则对男人的虚弱或不尽兴的交合越容易有焦虑的表示，而在性方面不感兴趣或性的要求不很强烈的女人虽受同样的待遇，却不致产生严重的结果。性的冲动放弃从前的部分冲动的满足或生殖的满足的目的，而采取一种新的目的——这个新目的虽然与性相关联，但不再被视为性，我们称之为社会的，这个过程叫升华作用。升华作用把性的（或绝对利己的）目的提高到了社会的（或为人类服务的）目的。一个人之所以不患神经病，就要看他所有未发泄的且能自由保存的量究竟能有多少，而且究竟能有多么大的部分从性的方面升华而移用于非性的目标之上。"显然，尽管力比多无法释放可能带来精神疾病，如果能将精力更多地投入到社会事业中去，就能很好地转移性的欲望。

尼采一生未婚，但却染上了性病，又得了精神病，而亚当·斯密、诺贝尔、牛顿、柏拉图等大量卓越的人一生未曾婚育，用毕生的精力致力于社会事业，为人类留下了宝贵的知识财富，他们却生活得很健康、很正常。有力比多的升华才有人类社会的进步，人类从低等动物般频繁的性活动中解放出来，用大量的时间从事体力与智力劳动，因而超越低等动物而成为高智商动物。一些在精神上遭受重大打击的人，把注意力从自身转移到社会上那些需要帮助的弱势群体身上，热心于慈善与公益活动，反而能走出阴影重新找回自己。

CHAPTER 3

我的世界不能没有你

> " 你可知道，你的来去在我心里何等重要。
>
> 你可知道，
>
> 你无处不在的影子
>
> 让我何等无助。
>
> 我的心里装满了你，我的思维被你占据，
>
> 我的身体里融入了你挥之不去的记忆，
>
> 我是滴落在你湖心的雨水，
>
> 离开你我将不再完整。 "

你真的爱过吗

> 丘比特的耻辱是被人称为孩子，他的光荣却是征服
> 成人。别了，勇气！锈了吧，宝剑！静下来，战鼓！因
> 为你们的主人在恋爱了。是的，他恋爱了。
>
> ——威廉·莎士比亚《爱的徒劳》

我们常常说自己爱着一个人，不管是父母爱着孩子，还是恋人们之间的相爱，尽管我们字字句句都情真意切，尽管我们为爱的情感而激动、悲伤，然而什么是爱？我们真的爱过吗？我们不妨试想一下，将我们的爱情从低到高分为三个层次：本能、心灵、理性。我们的爱，又究竟处在怎样的层次？

本能即我们的欲望，获得物质、性、权力等，我们在爱情中讨论得比较多的是性本能，即性的欲望，不过人类复杂的爱情中难免也掺杂着物欲、权欲等其他欲望。本能出自于动物原始的生存（通过食物补充身体营养所需）与繁衍（通过性行为孕育后代）的欲望，人类的这种欲望如低等动物一般，不需要心灵与理性的

调整就能自然而然地产生，比如初生的婴儿就具有吮吸奶头的能力，并不需要后天的教育。这种本能虽是自发的，但也可以通过心灵与理性来调整，尽管人不可以绝食，否则会死亡，但对于物质的欲望却可以降到勉强满足生存需求为止。人没有性并不会死，所以对于性行为的欲望可以降到几乎没有为止。

心灵是我们的情感场，爱来自我们的心灵，恨也来自我们的心灵，心灵可以是善意的，也可以是恶意的，我们的喜怒哀乐、焦虑、恐惧等一切情绪都来源于我们的心灵。心灵是一个生命场，也是一个能量场，决定着我们能量的方向、大小、善恶等，你是阳光还是炸弹，都由你的心灵决定。如果你觉得这样表述有些复杂，你可以把心灵理解为灵魂，是区别于肉体而存在的，并不特指某个器官。心灵受先天条件的影响，也受后天培养的影响。

理性是经过我们大脑的思维进行综合判断分析后所做出的最有利的决定。这个决定是否真的最有利，受我们的思维判断能力影响，每个人的判断能力不同，思维判断能力有先天的因素，也有后天培养的因素。最有利的决定是对自己有利，还是对他人有利受我们的心灵驱使，如果心灵是善的，这个最有利的决定就不会损害他人利益，甚至有可能损害自身利益而满足他人利益；如果心灵是恶的，这个最有利的决定就是损人利己的。

本能、心灵、理性都有可能发生变化，本能可以增强或减弱，但方向不会变。心灵的方向可以改变，喜怒哀乐等变幻莫测的情绪更容易改变，但善恶本质改变的难度较大。让一个十恶不赦的坏人忽然变得心系民众疾苦是很难的，除非遇到了重大的突发事件足以改变他，或者虚情假意地行善积德做好事是为达到某种利己的目的，同样让一个心地美好善良的人突然变得十恶不赦也是很难的，除非遭遇了重大刺激。理性可以在学习中不断成长，其方向必然是做出有利的决定，只是最初可能是短视的决定，成长以后可能是更有远见的决定，以及由于心灵善恶的改变而对有利做出不同的判断。

　　本能、心灵、理性可以达到多种结合，比如一个理性的有美好心灵的人可以控制其不当的本能欲望，避免造成对他人的伤害，可以减少自己的本能欲望而成全他人，这就是理性的爱。理性的爱是至高无上的爱，也是最能持久的爱。当圣－埃克苏佩里笔下的小王子第一次到达玫瑰园，发现他拥有的只不过是一朵普通的玫瑰花时，他哭了。但是狐狸让他明白，他拥有的并不是一朵普通的玫瑰，因为那朵玫瑰被他培养过，他为它浇过水、挡过风，为它花费了时间，这朵玫瑰因此而与众不同，小王子才真正懂得要对他培养的东西负责，对他的玫瑰花负责。这时的爱情是基于理性的责任，而小王子在离开他的行星时对玫瑰花的爱情则多少有些盲目，由于认知的限制而以为自己拥有世界上仅有的一朵玫瑰花。理性的责任更能慎重选择婚姻的对象，并包容婚姻中的种种不完美。

简单说，本能向着欲望的方向，心灵向着希望的方向，理性向着目标的方向。性是身体在一起，爱是心在一起，理性是综合各方面判断，你选择和他在一起，和他在一起对自己或对双方更有利。本能主要是利己的，爱主要是利他的。爱是一种道德责任，需要依靠心灵和理性去改变本能，更大程度上受精神方面的因素主宰，而不是受肉体方面的因素主宰。爱情渴望占有，但是不以占有为主要目的，而欲望则以占有为主要目的，就像天空飞过的鸟，爱情会任它自由飞翔，欲望会把它关在笼子里。情杀或因情所导致的伤害在刑事案件中占据很大的比例，这些都是欲望导致的，不是爱导致的。爱一个人不是占有他、控制他，而是为了让他过得更好。

我的爱，你感受到了吗

　　你还没有那种爱情，使你明白你我两人有如一体。什么也不能表达我的爱情的深切。要是有一天——也许那一天就近在眼前——你在谁的清秀的脸庞上看出了爱情的力量，那时你就会感觉到爱情的利箭所加在你心上的无形的创伤了。

　　可是在那一天没有到来之前，你不要走近我吧。如果有那一天，那么你可以用你的讥笑来凌虐我，却不用可怜我，因为不到那时候，我总不会可怜你的。

　　　　　　　　　——威廉·莎士比亚《皆大欢喜》

　　你永远不知道别人心里真实的想法与感受，这或许就是人与人之间相处的微妙之处。每一段感情都是从不确定性走向确定性的，对任何人而言都是如此，不可能一见面就急于问："你是否喜欢我？"即使是相亲，也不能这么直接，总是要先了解一下，因为最开始你也不知道自己有多喜欢对方。在慢慢地了解中，你可能发现自己真地喜欢上了对方，但你又不知道对方是怎么想的，犹豫着不敢和对方说。

喜欢一个人又出于种种原因不敢或不便把这种爱意明确地说出来，同时又强烈地渴望对方喜欢自己，于是在相处中，就会幻想对方也喜欢自己，或者幻想通过自己的努力，打动对方来喜欢自己。你一点点去努力获得对方的好感，感情也越陷越深，然而很多时候却是"落花已作风前舞，流水依旧只东去"。感情最终还是两个人的事，如果对方没有相同的感觉，你再怎么情真意切、惊天动地，也换不来对方的回应，你所看到的很可能是对方的无动于衷。喜欢对方仅仅是出于自己的意愿，渴望被对方喜欢也仅仅是出于自己的意愿，这都改变不了对方对你的看法。事实上，只要你明确表达出来，无外乎两种结局：接受或拒绝。很多时候，不表白就是因为怕拒绝，怕对方没有相同的感觉，自己会觉得难堪，甚至连幻想的权力也会失去，所以就宁愿一个人想着，也不肯说出来。

爱情常常容易产生错觉，如果你是一个自我感觉良好的人，当你喜欢一个人同时又希望得到对方喜欢的时候，你对对方的一些行为与言语就会添加一些不恰当的分析判断，比如对方看了你一眼，只不过是不经意地看了你一眼，你却以为对方是在意你所以才看你；对方给你一个微笑、和你打声招呼或者陪你聊聊天，这只不过是普通朋友间的举动，你却以为对方对你有爱意；甚至于对方拒绝你，你还认为对方有不得已的理由，拒绝不是出于本意。

　　一个人对你的特殊意义在于他在你的意识形态里的某种回忆，当你喜欢上一个人时，你对这个人的很多回忆都带着一种感情色彩，比如你们仅仅是在一起打了一场球，但是对你而言那场球添加了很多美好的因素，他的某个笑容、某句话、某个动作，阳光照耀着他的某一刻、风吹动他头发的某一刻，以及你当时的所思、所想等，每一个细节都如同连续剧一般牢牢地印在了你的脑海里，成为你对他的美好回忆。倘若对方并没相同的感觉，这场球和谁打，根本无关紧要，甚至都记不清何时何地和你打过球。因为喜欢对方，有时会做很多事情想引起对方的注意，自己认为是很浪漫的事情，在对方心里却可能没有什么感觉。

　　倘若对方喜欢你，你和他一起经历的某件重要的事情，他也会记忆犹新，他也曾捕捉到你的某个瞬间，并且牢牢地印在脑海里。在你们相处过程中，他一定会有更多的兴致了解你，在乎你的想法和感受，当你需要他的时候，他一定会第一时间出现。如果对方待你如普通朋友，没有思考过和你的关系，而你喜欢他，又不想太直接地表达出来，只希望他感受到你喜欢他，此时你不妨把自己真实的感受说出来，某一天的某个细节，对方的某种小个性、小习惯，对方的某种与众不同之处，总之要是那种你用心体会过才能说得出来的内容，而不是众所周知的内容。或者你了解到他的某种喜好，在相处中直接按他的喜好来做某些事情，倘若他是个稍微细心一点的人，通常会明白你的心思。

对方不喜欢你，大部分情况和你是否优秀没有多大关系，只不过你不是对方的力比多所倾向于附着的类型，或者当初相遇的时间地点并不是力比多适宜附着于你的时间地点。比如，当时对方正心烦意乱地处理一些事情，无暇风花雪月，或者大街上嘈杂拥挤的人群和坑坑洼洼的道路让对方根本没有兴致对你产生好感，而你们就在那个时候相遇了。对方喜欢的那个人正好是在春暖花开、心旷神怡的时候遇见的，一切都那么美好，那天正好忙完了手头的工作，有一个悠闲的下午出来赏春，阳光暖暖地照着，风微微地拂过树梢，水波轻轻地荡漾着。我们不可否认，一见钟情或者喜爱之心的产生，的确要受到双方心境的影响，而外在环境又会影响心境。因此，千万不要因为对方不喜欢你就死钻牛角尖，问出"我到底哪一点比不上某某"，"我到底哪一点不够好"这样没有意义的话来，这只能让自己越来越自卑，越来越痛苦。你们只是在错的时间、错的地点相遇，所以你们不合适，某一天，你会在对的时间、对的地点遇到对的人，但是这不能急，你需要慢慢等，谁知道是哪个时间哪个地点，也许就是明天，也许就在转角，如果你真的很需要，你也可以自己去创造机会。

那年花开月正圆

维纳斯的鸽子飞去缔结新欢的盟约，比之履行旧日的诺言，总是要快上十倍。谁在席终人散以后，他的食欲还像初入座时那么强烈？哪一匹马在漫漫归途会像启程时那么长驱疾驰？世间的任何事物，追求时的兴致总要比享用时的兴致浓烈。

——威廉·莎士比亚《威尼斯商人》

夜已深，黑暗，寂静，只听得见窗外的风夹杂着雨拍打着玻璃。睡不着的你，又想起了谁。你一遍遍地责怪自己，当初如果爱他再多一点，也许他就会留下来陪你。然而，失去的人终究不会回来，正因为不会回来，才会夜夜想起。

曾经有那么一个人，你想要却不曾得到，许多年过去了，甚至你已经结婚生子，然而那个想要而得不到的人却一直在你心里。那年花开月正圆，那夜的美好勾起了你的欲望，而这种欲望一直没有得到满足，你始终惦记着那夜的花开与月圆，惦记着花开月圆夜你想要而没有得到的。

当我们的欲望没有得到满足时，我们就会感到缺憾，这种缺憾感会让我们的欲望更为强烈。未知世界充满了想象空间，也就勾起了我们好奇与探索的热情。某地有一个著名景点，该景点几乎是当地的标志，只要提到那个地方，就会提到该景点。倘若你只是出差匆匆路过，没能一睹景点的风采，心中难免遗憾，时时挂念。你从某地回来，有人问你当地有一种地道小吃，甚为美味，身边去过的人都说值得一尝，你会非常遗憾没能尝到这个小吃，会尽可能地想象这个小吃的美好，下次有机会一定品尝。

一个人对你的特殊意义，在于这个人在你的意识形态里的某种回忆或记忆，而你对这个人的回忆添加了很多自己想象中的因素，越不了解，想象的因素越多。你想要的那个人，因为没有得到他，你对你们之间的情感带有很大的想象空间，倘若一直没有现实因素使得这种想象空间得到修正，你对他的情感就会一直保持这样的记忆状态。就像那个你没去过的景点和没尝过的小吃，你的心里一直有或多或少的挥之不去的遗憾。这种遗憾隐藏在你心灵的最深处，平时可能不见踪影，但是只要一句话、一个地名、一个物件、一种食物，甚至一种情境，都会激起你内心的层层涟漪，让你回忆起往事，让你想到无数个如果。

倘若你去过了那个景点，尝过了那道小吃，想象空间从此消失了，也许没有想象中美好，也许的确令人心旷神怡、齿颊生香，但当你带着满足离开的时候，又会对新的景点或美食产生兴趣。当然，也有可能你愿意搬离你的城市，在这个景点旁边安居下来，但从此对其他景点都失去兴致的可能性微乎其微。

从本能的角度看，当你的力比多附着于对方，或者说你潜意识里选择了对方作为繁衍对象，而繁衍的目的一直未实现，本能的欲望一直未得到满足，你就会一直处于想要得到对方的状态。当与同一对象的性关系次数上升，本能上的繁衍目的已经达成（并非一定要达到生儿育女的实质上的繁衍，性行为的发生即可视为繁衍），基因传播的目的已经达到，繁衍的边际效用递减，性关系的必要性下降，性本能的强烈程度也就下降了。与此相适应的是，随着与同一对象相处时间的增长，想象空间消失了，在你带着满足甚至厌烦离开的时候，情欲必然下降了。除非你们在相处过程中有太多难以割舍的美好记忆，而且又都是重情重义懂得感恩的人，使得你们之间的感情越来越深，各自在对方心中的地位无可替代，但这是精神文化方面的因素，而非本能的因素。从这一点认识出发，我们要学会用心灵和理性去经营婚姻生活，创造更多的美好，这样就可以弥补本能作用的减少。

我们对每一个人的感觉都在进行不断的信息更新与记忆修正，你脑海中的每一个人的印象就像是一篇篇的文章，刚认识一个人时，你形成了对这个人的初稿，由于有太多未知，也就有太多的想象空间，甚至是错误的判断。随着对这个人了解加深，你在不断地更新与修改稿件。那个你想要而得不到的人，因为没有机会通过深入的了解来更新稿件，尤其是对方从此与你失去联系时，你无法取得他更多的近况，你对他的记忆停留在得不到的感觉里，而且因为你想得到他，所以你对他的记忆都是美好的，这更令你向往。

很多时候，怀念了那么多年的昔日情人，见面之前忐忑憧憬、五味杂陈，重逢后却可能兴趣全无，一对相思十年不相见的恋人，也有可能结婚一年就分手。你所怀念的昔日情人，他留在你脑海中的记忆是昔日的美好，在重逢前一直保存着那段美好的记忆，甚至可能在怀念中添加了一些你期望的、幻想的记忆图像。多年以后，你所看到的昔日恋人发生了很大的变化，这种变化很可能脱离你目前的欣赏标准，因此全新的他或者全新的标准会重新修正你的记忆。同样，一对相思十年不相见的恋人，因为还有很多未知的想象空间，思念或相恋期间，你对这个人的记忆也会添加很多你想象中的因素。这些想象中的因素可能过于美好，一旦结婚，婚后共同生活中很多事情都可能迅速修正你的记忆，倘若这些信息并不愉快，与美好记忆形成很大的反差，想象中的美好因素在结婚后的现实中一点点证伪，对方带给你的愉悦程度就会下降，很可能导致你们相互重新评估对方并深感失望，因而导致分手。

你的美，无与伦比

> 一切卑劣的弱点，在恋爱中都成为无足轻重，而变成美满和庄严。爱情是不用眼睛，而用心灵看着的，因此生着翅膀的丘比特常被描绘成盲目。而且，爱情的判断全然没有理性，是翅膀不是眼睛表示出鲁莽的迅速。
>
> ——威廉·莎士比亚《仲夏夜之梦》

无数恋爱中的男男女女，尽管在正常人的眼光里，他们普通得不能再普通，甚至某些人近乎一无是处，还有某些人近乎卑劣，然而他们都找到了恋爱对象，在爱人的眼里，他们才是最有魅力、最让人心旌荡漾的。客观一点说，一旦进入热恋阶段，在别人眼里很普通的两个人，相互却觉得对方的重要性非同寻常。假如把对方比喻成一颗星，那一定是天边最闪亮的那一颗星。

西施是民间流传的中国古代四大美女之一，人们常用"情人眼里出西施"这个词来形容原本长相普通的人，在恋人眼里却美得像西施一样，意思就是说恋人总是过度放大恋爱对象的优点和美化恋爱对象的缺点。

仅仅从本能看，繁衍是动物一生中最为重要的事情，在繁衍期，繁衍甚至比生存更为重要。正因为繁衍如此重要，繁衍对象的重要性也就被极端地放大。

对于部分低等动物而言，繁殖也就意味着死亡。一些雌性动物在生育完成后，它们的生命就到了终点，比如蚕蛾，产卵后不再进食，不久就会死去；雌章鱼产卵后，一直守护到小章鱼出生就会死去。一些雄性动物则在交配完成后死去，部分雌性动物也有在交配时杀死雄性动物的行为，比如黑寡妇蜘蛛、螳螂、翼蛇等。如同低等动物用尽生命达成繁衍目的的行为，我们也常用生死相许来形容人类最强烈的爱情，进入繁衍期的人类，如同一切动物一样受到性本能的巨大力量的驱使。

性本能驱使人繁衍的力量是盲目的、巨大的。若要繁衍，必定要选择某一对象来完成性行为，共同完成繁衍行为的选择对象也即力比多附着的对象。由于繁衍是最为重要的事情，繁衍对象也就至关紧要，因此繁衍的选择对象一经确定也就异常珍贵。在某一地点、某一时刻，你的力比多强烈地附着于某一对象，类似我们通常所说的动了心或痴情、钟情于某一对象，你就认定这个人是你今生要找的人。他的价值被无限放大，你的喜怒哀乐都随他而变，曾经觉得毫无意义、毫无兴致的事情，只要是和他在一起做就变得有意义了，抱着、笑着、看着对方都觉得是无比开心的事。一个比他优秀很多的异性都无法让你心动，哪怕怀里那个是最傻最笨的，你也觉得他是全世界最好的。由于离开了这个选择对象，繁衍将无法进行，因此这个选择对象有时甚至比自己的生命还重要。只要能与对方完成繁衍，生存竞争等其他事情都变得不再那么重要，在你看来，有他的日子就是满满的阳光，离开他的日子就会暗无天日。你对其他异性都失去了兴趣，甚至金钱、权力、事业、亲情、友情统统要为之让位。在你看来，他是这个世界独一无二的人，离开了他，你将不再有爱情。

当然，情人眼里出西施不仅仅有本能的因素，当你从理智或心灵上喜欢一个人时，你对这个人的评价就会提高。比如你喜欢一个人的阳光坚强，喜欢一个人的艺术气质，喜欢一个人的博学多才，喜欢一个人的财富地位，当你喜欢了这些时，你可能会忽略一些外表上的缺陷。当我们谈起一个陌生人的时候，衡量这个陌生人的是客观的数据，比如外表的美丑、高矮、胖瘦以及学历、财富、职位等，而当我们谈起一个熟悉的人的时候，衡量这个人的是你的主观感觉，比如善或恶、温柔或暴躁、智慧或愚蠢、幽默或无趣、温暖或冷漠等。因此，对一个熟悉的人而言，外在的客观因素不再那么重要，你的主观感觉更重要。假如你本能上倾向于喜欢又高又瘦的人，尽管他又矮又胖，初次见面的时候你并不喜欢他，但当你了解了他的内心世界的精彩之后，你会慢慢开始喜欢他。这就好像人们喜欢吃湘菜一样，有人的喜欢跟出生成长有关系，这是一种本能；有人因为懂得湘菜的起源、历史、烹饪文化、鉴赏知识等，所以才喜欢上湘菜，这是一种心灵的喜欢。每个人的关注点不一样，对不同优点的重视程度不一样，有人喜欢貌美的，有人喜欢善良的，有人喜欢富有的，有人喜欢智慧的，需求各有不同，因此，对于同一个人，不同的人会有不同的评价。并且他是你的，是人群中那个肯留下来陪你的人，人性的私欲都会保护对自己有用或自己喜欢的人和事物。

有时候，即使你的理智清楚地知道他不好，甚至很恶劣，但一旦投入了感情，你的心灵很可能就无法离开他。处于爱情之中，要适当控制感情，运用你的理智。要在充分了解对方、做出理性判断之后产生感情，而不是盲目地动感情，明白自己喜欢的方面是不是真正最想要的，还有对方的真实条件与想法。即使选定了对方作为恋爱对象，也要在恋爱过程中保持应有的理性，避免被别有用心的人利用和欺骗。

心太小，只能住进一个人

情人们和疯子们都富于纷乱的思想和成形的幻觉，
他们所理会到的永远不是冷静的理智所能充分了解。

——威廉·莎士比亚《仲夏夜之梦》

尽管和一个人相处久了激情会下降，但有那么一段时期并非如此，刚相识时你们可能只是一般的朋友，然后你们的感情在相处过程中一点点增进，感情越来越深，直到有那么一段时间，他是你的全世界，你只想每时每刻和他在一起。

好笑的事情、好听的歌、好玩的地方……每一件事、每种心情都想和他分享。日升日落、花开花谢、潮起潮落、月圆月缺……每一个画面、每一个过程都想和他一起欣赏和经历。希望从此以后等你回家的人是他，心情不好时那个安慰你的人是他，生病时那个照顾你的人是他。即使你们是各忙各的，心里也始终有他陪伴。

热恋，是情侣之间恋爱的一种程度，属于恋爱过程中最热烈最难分的阶段，通常是从恋爱到结婚之间经历的阶段。正因为热恋的存在，使大多数人更加渴望长相厮守，从而走入了婚姻。热恋情人所做的事往往让正常人看起来不可理喻，可谓爱得轰轰烈烈、天翻地覆，若干年后自己回想起热恋时做过的事，也觉得莫名其妙。那么，爱得让人几近痴狂与疯癫的热恋究竟是怎么回事呢？又是什么让人类收敛起喜新厌旧、朝秦暮楚的本能，忽然想要天荒地老了呢？

性本能的存在是繁衍的需要，但繁衍并非是一次就能完成的，平均而言，男人使女人受孕的时间往往需要好几个月。此外，从选择某一个个体作为繁衍对象到真正实施繁衍的行为也需要一个过程，倘若选定了繁衍对象，而繁衍的目的尚未达成，本能上需要持续的情欲去维持恋爱关系，直到完成繁衍行为。爱情最疯狂的时候就是繁衍本能体现最强烈的时候，此时繁衍是最重要的事，繁衍以外的事都变得不重要了。

不过，性本能强烈附着于对方的时间不会太长，你的理智会一点点恢复，但这需要时间。另外，如果你是一个足够理性的人，你的性本能附着对方的现象就不会这么严重。热恋期的狂热过后，爱情不可避免地会慢慢趋于平淡，这时你才能逐渐真正理性地看待你们之间的关系，更客观地评价对方和自己。性本能维持你们处于热恋的时间是有限的，即便不考虑人类理性的因素，性本能附着于对方的程度也会逐步降低，甚至有可能转移至其他对象身上，对原有的恋爱对象心生厌倦、试图离去。两个人除了性以外，如果其他任何事情都不喜欢在一起做，那感情是不可能长久的，比如没有共同的兴趣爱好，没有共同的社交圈，没有共同的事业或人生目标，没有共同的价值观，没有共同的文化等，这势必会导致共同生活的愉悦程度不高，直至感情破裂。

最易获得的幸福是幻想中的幸福，精神的强大可以抵御很多物质不足所带来的缺失感，只要没有温饱问题与身体不适的困扰，就可以获得至高无上的幸福。恋爱同样如此，两个感情很好的人共度一生，精神世界的幸福可以抵御很多外在的困难，即使生活在社会的最底层，也有可能获得比上层人更大的幸福感与满足感。当然，前提是两个人对这段感情都同等重视，否则会有一个人是不满足的，这会破坏另一个人的幻想。

恋爱中的感情最终必然归于平静，但即使是平静的生活，只要两个人能愉悦地相处，相互体贴包容对方，就是很完美的关系了，因为彼此足够熟悉和了解，相处起来如同具有血缘关系的家人一样平稳顺利，只要两个人形成的婚姻关系与家庭关系是稳定的，其余均可以恢复常态，从热恋状态重回自己的日常工作和生活。

我们常用命中注定的缘分来加强我们爱情中的美感，在某个地点、某个时刻你们正好相遇了，忽然注意到阳光照耀着他的脸是如此性感诗意，风吹动她的长发与裙摆是如此美丽动人，你们的性本能在那一刻附着于对方，你们的心灵被对方深深吸引，你们就这样彼此相爱了。事实上，尽管这一刻来得或早或迟，也许有人一生中也没有遇到那一刻，但并没有谁注定属于谁，随时都可能有一个更优秀更心动的第三者走进你或对方的世界，只有理智才能让你们把性本能从第三者身上移开，只专一于彼此，感情的良性互动与维持需要双方共同努力与坚守。

爱情并不像其他感情一样可以拿得起放得下，一旦开始，无论是提出分手的人，还是被迫分手的人，结束感情都会重重地被伤害一次。大起大落的情绪变化会对身心健康带来不良影响，恋爱中的男女不要过度沉迷于其中，保持足够的理性，不断提高自我约束能力，减少情绪的波动性。不要过度幻想爱情的美好，不要对爱情寄予不恰当的期望，不要企图依附爱情获得精神、物质的满足。同时，失恋的人也不能急，给自己时间，伤痕会慢慢愈合。

爱情本身是一种桎梏，与欲望所需要的自由不符，罗素说过，"一对热情恋人只要被看作是在反抗社会桎梏，便受人的赞美；但是在现实生活中，恋爱关系本身很快就成为一种社会桎梏"。随着繁衍功能的完成，由于繁衍本能产生的激情下降，或者由于对繁衍对象的了解增加，以及因各种可能发生的事件导致物质、权力等各种力量对比关系发生变化，使得需要摆脱原有的恋爱关系，这个反抗过程会产生新的炽情：仇恨、狂怒、绝望等，很可能导致情杀与因情导致的各种伤害。

情欲之不易受控制是众多哲学家崇尚禁欲主义的重要原因，我们通常将禁欲主义的"欲"理解为肉体的欲望，而实际上最不受控制的是心灵的欲望，而不是肉体的欲望。当你用本能去恋爱时，就如同你看到喜欢的食物就想吃一样，你看到喜欢的异性都想发生关系，有时甚至会饥不择食。性本能所导致的肉体欲望仅仅是一种身体的生理反应，每一次都是短暂的，如同饥饿状态的食欲。心灵的欲望则不同，倘若你把所有的幸福都依靠在对方身上，对方一旦离去，你的世界就会彻底沦陷。

理性可以降低热恋的狂热程度，而浪漫主义的激情则可以提高热恋的狂热程度。当你的心灵想要放纵的时候，需要你用理性去克制与收敛。人生难免有很多不愉快，而最易获得的幸福是幻想的幸福，所以很多人如宗教信仰般在爱情中寻找幸福。心灵带有很多想象与幻想的因素，尤其当一个人内心脆弱时，很可能通过幻想来获得一些满足与幸福感，当然也包括爱情中的一些幻想。也就是说一个人喜欢另一个人可能并不是因为对方身上有他喜欢的特质，而是幻想对方拥有自己喜欢的特质。摈弃理性，放纵心灵，身心投入地盲目地去爱无疑能够感受到极大极强烈的感官快乐，然而这种过度的快乐一旦严重脱离现实，必然会因现实的打击而陷入极端的痛苦。

放纵总是令人愉悦的，节制总是令人不快的，但放纵之后往往是更加不快的，节制之后往往是深度愉悦的，节制是放弃短期愉悦而享受长久的愉悦，放纵是透支未来的愉悦来满足当前的愉悦，所以越是在乱世与亡国之时，人们越容易放纵，因为看不到未来的希望，而越是在健康发展的平稳的社会环境里，人们越会懂得节制。

从小我们就被教育不要大声喧哗、不要狼吞虎咽，要表现出良好的生活礼仪，并且从来不认为这是令人不快乐的，恰恰认为这是荣耀的、受人尊重的。然而，几乎没有人教我们爱情中的礼仪，于是我们尽情放纵自己的心灵，直到有一天在悲伤中明白，过度的情感宣泄容易失去控制，然后我们又试图节制，却又不知道该如何快乐地节制。

西格蒙德·弗洛伊德在《精神分析引论》一书中指出，"心理器官的工作，是否有主要的目的？我们的答案以为其目的在于求乐。我们整个的心理活动似乎都是在下决心去求取快乐而避免痛苦，而且自动地受唯乐原则调节。无可怀疑的是，考虑到人类所可能的最强烈的快乐，乃是性交的快乐，我们可以说心理器官是用来控制或发泄附加于本身之上的刺激量或纯能量的。性本能的发展显然自始至终都以追求满足为目的，这个机能可以永远保存不变。自我本能最初也是如此，但因受必要性的影响，立即知道用他种原则来代替唯乐原则。它们既认为避免痛苦的工作和追求快乐的工作同等重要，于是自我乃知道有时不得不舍弃直接的满足，延缓满足的享受，忍耐某些痛苦，甚至不得不放弃某种快乐的来源。自我受了这种训练之后，就变成了合理的，不再受唯乐原则的控制，而顺从唯实原则去了。这个唯实原则归根结底也是在追求快乐，不过所追求的是一种延缓的、缩小的快乐，因为和现实相适应，所以不易消失。由唯乐原则过渡到唯实原则，乃是自我发展中的一个最重要的进步。性本能后来也勉强地经过这个阶段。"从唯乐到唯实，是我们运用理性调节心灵与本能的需求而实现的，由于我们在成长过程中受到的关于性的教育较少，对性本能中如何运用理性学习得不够，我们所得到的教育大多数是武断的粗暴的拒绝，而没有得到如何更好地做出理性调整的指导，不知道如何更好地身心健康与愉悦地节制，这就使得我们成年以后还需要从爱情的挫折中去不断成长。

让爱不再漂泊

你使我能够安心，当我看见你面孔的时候，黑夜也变成了白昼，因此我并不觉得现在是在夜里，你在我的眼光里是一切的世界。

——威廉·莎士比亚《仲夏夜之梦》

每个人都试图在瞬息万变的世界中寻求一种永恒不变的安全感，尽管这种愿望的强弱有所不同。孩子可能会把这种安全感寄托在父母身上，老年人可能会把这种安全感寄托在子女身上，有宗教信仰的人则可能会把这种安全感寄托在神身上，而恋爱中的人可能会把这种安全感寄托在恋爱对象身上。

人不是植物，没有根，人们的身体是行走的，心是游移的，所以人们总希望能依附于某个东西上，把自己固定下来，这样当他们遇到困难时，就可以退缩到他们那个固定的安全区。当人们进入恋爱时，繁衍的本能使我们更多地体会到恋爱的快乐，忘却很多生活中的不愉快，因此，人们常常会把感情寄托在恋人身上，在那里找到可以退缩的安全区。

自身越没有安全感，越容易从其他对象上寻找安全感。正如欧洲中世纪普遍的不幸增强了人们对宗教的感情，心灵脆弱的人更容易视爱情为愚痴的信仰。尽管对于同一人而言，获得物质和权力对于强大心灵有正向作用，但不同个体存在区别，心灵的强弱与物质的多少、权力的高低并不必然成正向关系。正如人的体质有强弱之分，人的心灵也有强大与脆弱之分，先天往往占据较大的因素，当然后天也可以努力去改善。

安全感来自于我们的内心，学会不断锻炼与强大自己的内心，自己给自己安全感很重要。很多进入恋爱、婚姻中的人并不是因为找到了自己真正喜欢的人，仅仅是找到了一种安全感，而一旦获得了这种安全感之后，心中就会产生缺憾，不满足于现状，这就使得他们在安全感之外再去寻求其他的刺激。生活中有些人就处于类似的状况，既想依靠一个老实踏实的人来获得足够的安全感，又强烈地渴望去爱一个优秀的具有强大吸引力的人，生活在这种矛盾中未必能有真正的幸福感。

很多婚姻存在的基础，并不在于有多少激情或非常相爱，仅仅是人们从婚姻里获得了想要的安全感，人们习惯于现有的状态，改变总是需要很大的勇气，所以只要在婚姻中能给对方以足够的安全感，对方就不会轻易放弃婚姻，会自觉约束自己的行为，即使没有约束好自己的行为，事后也会极力补救。有些男人婚内出轨后并不是真的想离婚，当妻子发现了丈夫的出轨行为后，丈夫总是一再强调自己会改正，而不是真想结束目前有安全感的婚姻。在现代文明中，道德和法律都崇尚一夫一妻白头偕老的婚姻，离婚在人们心目中总是一种无奈的忍无可忍的选择，特别是顾及到孩子的抚养教育问题，很多夫妻即使不再相爱，也依然生活在同一屋檐下，没有选择离婚，这也是促使婚姻稳定的原因之一。

寻求安全感是人类的本能，这种本能低等动物同样具有，是物种进化过程中为了生存、繁衍而保留下来的本能。动物都会取得食物满足生存所需，有些动物即使已经吃饱喝足，依然在不停觅食，为自己准备更多的食物，蚂蚁、蜜蜂、松鼠……无数动物在不自觉地储存食物以适应季节变化和自然灾害。以此类推，人类的储蓄行为与很多低等动物的储备食物非常相似。动物会建造自己的巢穴或洞穴，用于储藏食物、繁衍后代及安全地休息，这和人类需要一个稳定的居所类似，无论身在何处，只要困了累了，都可以回到自己的房子里，不会露宿街头，不被日晒雨淋，可以抵御严寒与外来侵扰。如同上述食物、居所的安全感，人们本能上也需要一种性的安全感，简单来说就是一个人有始终属于自己的性的安全感，或者随时随地可以得到性的安全感，这种安全感有时表现得类似于储存食物，很多动物储存多余的食物直到腐烂变质也没有食用，但是这满足了对安全感的需要。

爱情中的安全感很大程度上是一种保证繁衍的安全感，因为寻求繁衍是人的本能，一个有安全感的恋爱对象会给人一种随时可以得到繁衍的满足感，这种满足感能让人心安，而相反，失恋的人却寝食难安，这种心安或不安的精神状态是受性本能所驱使的。当有一个人成为你的繁衍对象时，繁衍的力量可以支持你勇敢、坚强地活下去，而当失去繁衍对象时，很可能因为失去了活下去的动力而产生自杀倾向，这也是受性本能所驱使的。不仅人类如此，很多动物也是如此，有些鸟类是成双成对生活的，一旦配偶死去，另外一只不久也会死去。当然，人类的理性会让我们学会如何走出困境，避免进入这种极端的状态，同时社会对这部分处于特殊时期的群体提供了必要的帮助与关爱，使他们能够顺利走出困境。

爱情中所需的安全感，对于男人而言，大部分是随时可以获得繁衍的安全感；对女人而言，大部分是繁衍期得到保护的安全感。除此以外，人们还有情感的需求，希望被关注、被重视，而在爱情中有人挂念你的行踪，有人对你的身体、灵魂有足够的了解，知道你喜欢什么、讨厌什么，知道你最爱的食物、最喜欢的动物，知道你常去的地方、有哪些朋友，这些都是人们感情需求被满足的因素。综上所述，在爱情中给予对方足够的安全感，更有利于你们之间增进与维持感情。

如何才能不爱你

> 没爱过，怎会心伤。
>
> 那些让我魂牵梦绕的过往难道真的只是一场梦，
>
> 我不相信、不愿意，也无法接受，
>
> 那一场风花雪月只是我的一厢情愿，
>
> 那一幕情深意浓只是你的虚情假意。
>
> 我一遍遍地安慰自己，
>
> 你心里也曾有我。

心再痛，也不能不想你

> 要是我可以节制我的感情，或是把它的味道冲得淡薄一些，那么也许我也可以节制我的悲哀，可是我的爱是不容许掺入任何水分的。
>
> ——威廉·莎士比亚《特洛伊罗斯与克瑞西达》

恋爱过程并非平静地从起点抵达终点的过程，必然会经历较大的感情起伏。从初识的心动，到确定关系的激动，到热恋的疯狂，再到走进婚姻的安稳甜蜜，或者到分手的痛苦，再到回归生活的平淡，难免起起落落。任何人失去自己喜欢的东西都会痛苦，失恋带来的痛苦与人们对这段关系的重视程度有关，这段关系对你越重要，带来的痛苦也就越大。越喜欢，越痛苦；投入越多，越痛苦。

失恋的痛苦与失去其他东西的痛苦相比，有一定的区别，失恋的痛苦往往大于失去朋友的痛苦，甚至失去亲人的痛苦，并且需要很长时间才能恢复正常生活，更有甚者会终生不敢再恋爱，严重者还会导致精神失常、抑郁与自杀倾向。西格蒙德·弗洛伊德在《精神分析引论》一书中指出，力比多即性本能受阻是精神疾病产生的主要原因。

当然，也不要为失恋而感到过度恐惧，理性可以降低很多本能的因素，积极调节好自己的心态，恋爱时不要过度沉迷于其中，保持适当的理性，对性本能的产生与特点有正确的认识，就可以避免恋爱失败以后无法从悲痛中走出来。

为什么失恋的痛苦会有这么大呢？从本能的角度讲，在热恋期繁衍是最重要的事，与繁衍无关的任何事情都变得不重要了，而且在热恋中双方会充分放大对方的价值，这就使得失恋时失去对方如同失去了整个世界。失恋不仅仅是心理的痛苦，还有生理因素带来的痛苦，而失去友情、亲情往往仅限于心理上的痛苦。恋爱时选择了对方作为繁衍对象，一旦失恋就意味着本能的繁衍需求不能顺利达成，造成性本能受阻，导致人体的内分泌发生改变。

恋爱对象移情别恋所导致的失恋痛苦往往大于对方遭遇突发事故所导致的失恋痛苦，因为对方移情别恋会造成恋爱者的自我否定，不仅仅是主观感情上的自我否定，还包括生理上的否定，这是一种自身基因在选择中被淘汰，从而无法延续的本能上的否定。恋爱时，人们往往会高估对方、低估自己，过度看重恋爱对象对自己的评价，因此一旦失恋就会出现极端的不自信，认为对方之所以离开就是因为自己不够好。

除失恋本身直接导致的痛苦，生活规律骤然改变带来的不适应也是痛苦的根源之一。在恋爱过程中，你放弃一些工作时间与他相守，减少自己的兴趣爱好与他相守，取消亲人朋友的约会与他相守，他是你一切行动的中心，除去工作和家人必要的见面，你生活中的社交几乎就剩下你和他，终日在二人世界里依偎缠绵。如果你们的激情随着时间的推移慢慢变淡，那么即使分手了，感情的打击也不至于太大；如果你们正处于热恋之中，对方却想要离开，此时你才发现你没有朋友、没有兴趣爱好、没有工作与学习的目标，甚至没有亲人，难免觉得孤独、寂寞。他走了，你的全世界几乎都沦陷了，所以你对一切都失去了兴趣，你所有的行动都在试图挽留他，这反而使情况越来越糟，甚至无法自拔，因为你进入了一个死循环，用更多无用的付出弥补曾经没有回报的付出，越陷越深直到回头的余地越来越小。

亚当·斯密在《道德情操论》一书中指出，"各阶层的人都竞相攀比的根源是什么呢？以改善我们自己的状况为人生伟大目标而谋求的利益又是什么呢？我们希望谋求的全部利益就是要引人注目、被人关心、得到同情、自满自得和博得赞扬。使我们感兴趣的是虚荣，而不是舒适和快乐，但虚荣总是以相信我们是被人注意到和获得赞同为基础的。富人因自己的富有而得意扬扬，因为他觉得财富自然会引起世人对他的注意。穷人为自己的贫穷感到羞愧，置身人群与关在自己的茅舍中一样默默无闻。虽然被人忽视和不被人赞同是完全不同的事情，然而正如默默无闻使我们远离荣誉和称赞一样，感到自己不被任何人注意，必然会抑制人性中最愉快的希望，挫伤人性中最强烈的欲望。"热恋时双方互为关注的焦点，使你前所未有地得到重视，极大地满足了被关注的愿望，一旦那个关注你的人离去，难免觉得食不知味、夜不能寐，对什么事情都失去了兴趣。

由于我们永远无法知道别人内心真正的想法，即使对方与你是恋爱关系，你也无法知道对方到底是真地喜欢你，还是为了达到某种目的而接近你，不知道对方喜欢你的程度到底有多少，而仅仅是基于自己的判断。由于渴望对方的爱，恋爱时我们容易在自己的舒适区中构建一种幻想的境界，在这个幻想的境界里，你喜欢的人喜欢你，所以你能感受到一种幸福，你沉溺于这种幻想的幸福中，舍不得离去，越陷越深，甚至加入一些其他的想象，编织一张巨大的情网，将自己困在其中。

心灵是有欲望的，而且往往是带有一些想象或幻想中的欲望，因此这种欲望要大于本能的欲望，比如当你喜欢一个人的时候，从本能的角度看，你只是想和他完成繁衍的任务，想占有他的身体，而你的心灵却更想占有他的内心，想和他有个温暖的家，你们彼此相爱，今生今世互为唯一，你们一起品尝世间的美食、一起欣赏世间的美景、一起经历人生的风雨……一旦失恋，你所幻想的未来美好生活就破灭了，沉湎于痛苦之中，感情忠贞专一的人尤其如此。这一切，看似是因为失恋而失去的，而事实上你所失去的仅仅是虚无缥缈的一厢情愿的幻想。人类的失恋之所以比低等动物更为痛苦，主要是因为人类在恋爱中添加了很多心灵的因素，浪漫的烛光、伤感的音乐，无不使人心灵的感伤大大增加，心灵放大了恋爱的喜，必然也会放大失恋的悲。

越是一对一的配偶制，配偶就越显得尤为重要，失去的痛苦也就更大。一夫一妻制与爱情忠贞的道德文化，无疑会放大失恋的痛苦，这并不是说要因此反对一夫一妻制与爱情忠贞的道德文化，制度与道德文化的形成需要综合考虑很多因素，而不能仅仅考虑单一因素的影响。人类先天的体质、智商、情商各有不同，再加上后天文化教育的影响，个体之间的差异很大，因此人们对待爱情的态度也是千差万别。同等条件下，感情专一者在失恋时的痛苦会更重，因为失恋对于感情专一的人而言是性本能完全受阻，而对于见异思迁、视爱情为游戏的人而言，随时可以转移繁衍对象，性本能受阻的影响不大。精神疾病是人类文明发展的附产品，低等动物并不具有。文化修养越高的人越看重性关系的对象，而不是性行为本身，渗透其中的心灵因素较多，往往不会随意发生性关系，失恋带来的打击也比较大，不过文化修养高的人升华能力较强，可以通过正确的方式升华感情，从而较好地避免精神疾病的发生。没什么文化修养的人对待性关系较为随意，注重的是性行为本身，不太注重性关系的对象，因而失恋的痛苦较少。《金赛性学报告》显示，文化程度低的男性，更喜欢追逐和征服女性，有些人甚至只有性而没有恋爱，所以也就不存在失恋的痛苦。

热恋之中的人更容易受幻想的支配，而不是理性支配，别人看来普通平常的事，在恋人内心里却是波涛汹涌的。热恋阶段是感情的最高顶峰，有他的日子每时每刻都是幸福的，没有他的日子每时每刻都是魂不守舍、失落痛楚的，爱他所有的优点，包容他所有的缺点，甚至有时连他的缺点也那么可爱、那么让你心动。每次见面都是异常兴奋的，他的每个动作、每个表情、每句话都如画面般深深地印在你的脑海里，随时都可以回放，他不在的时候你会把这些画面调出来，重播无数次，还会想入非非加入一些你幻想的内容。正因为如此，你的思想与心灵被过度占有，不招自来，挥之不去，想象力丰富的人尤其如此。

有时，失恋的痛苦不仅仅是因为失去对方，而是因为在恋爱之初附加了太多其他的欲望，比如以恋爱为交易从对方获得物质、权力等，一旦这种交易失败，更加无法平静地面对。有时，心灵的欲望远远超出了对恋爱对象本身的欲望，把自身的其他幻想与欲望强加在被爱的对象上，你梦想着他或她有神奇的魔力，能帮你逃过所有灾难，能永远待你温柔如初，能治愈你所有内心的伤痕，能保护你不受外来侵扰，在你最需要的时候，他或她都会神话般地立即出现。爱情和婚姻的失败会让你从美梦中醒来，这难免痛苦。

你所爱的人首先是一个完整的人，与社会上任何一个人一样，有组成一个完整个体的所有内部和外部特征，比如善恶、知识、兴趣、性格、思想、财富、地位等，这些特征并不会因为你爱或者不爱而发生改变，他的角色首先是他自己，其次才是作为你的爱人而出现，他身上的一切特征都会影响到角色扮演的好坏。明白这一点，你才不会对你爱的人抱有不恰当的幻想。他不是蝙蝠侠，不是超人，这个世界没有谁来拯救你，只有你能拯救自己。

在恋爱过程中，心灵的欲望在我们的意识形态中不断地巩固加强，形成一个巨大的由我们的理想、幻想、梦想构筑的严重脱离实际的完美的城堡，这个城堡不仅承载了情欲，甚至还承载了物欲、权欲等种种欲望，一旦失去或与现实不符则会形成内心的巨大失落。在一夫一妻制与爱情忠贞的城堡中，主人公有很强的不可替代性，这个不可替代的主人公一旦离去，整座城堡都将瓦解，那些无法释放的心灵欲望对身心造成的伤害要远远超过无法释放的肉体欲望。

恋爱不是生活的全部，即使身处热恋中也要保持适当的理性，不要将注意力过度投放到对方身上而影响正常的学习与工作，不要过度迷恋与幻想爱情的美好，确保自己能够客观正视感情中的挫折。

忘记你谈何容易

在我不曾遇见他之前，雅典对于我就像是一座天堂；啊，我的爱人身上，存在着一种多么神奇的力量，竟能把天堂变成一座地狱！

——威廉·莎士比亚《仲夏夜之梦》

尽管失恋会带来痛苦，但失恋也并非那么可怕，在恋爱之初就要保持适当的理性，不要对恋爱持有过多的幻想与不当的欲望，对恋爱可能经历的波折及引起的反应有必要的了解和认识。即使在恋爱中也要尽量保持各自独立的空间与社交，不要过度沉迷于其中，影响正常的工作与生活，必要时可以悬崖勒马重新开始自己的生活。恋爱前就端正思想，摒弃不正确的认识，不是每一份恋情都一定能成功，导致分手的原因会很多，并不是自己用尽全力就可以避免的，这样才不至于在分手时天昏地暗、无法自拔。

无论恋爱双方怎样朝夕相处，尽管经历相同，但各自的内心世界却是不同的，被迫接受分手事实的一方可能还处于恋爱的感觉中，强烈地相信对方是爱自己的，始终不死心，为了挽回感情往往会做出不理智的举动，试图引起对方的注意，让对方回心转意。事实上，如果对方的力比多不再附着于你，你的行为再怎么惊天动地，对方也都可能无动于衷。我曾有一位西北地区的朋友，她的前男友去了南方城市，向她提出了分手，当时年少冲动的她根本无法接受这个事实，但是她又没有胆量和勇气独自一个人去万里之外寻找前男友。后来她答应了现任男友的求婚，并执意要去南方的那座城市生活，现任男友同意了，成了她的丈夫。他们辗转来到那座南方城市，几经周折找到了前男友，然而在人家的甜蜜生活里，她什么也不是，依然生活在失落之中，走不出那段感情的旋涡，甚至影响到自己的婚姻生活。爱情不是求来的，不爱了就是不爱了，你愤怒惶恐也好，自甘堕落也好，自暴自弃也好，对于一个不爱你的人来说，你做什么他都不会在意，更不用说怜惜你。你唯一能做的就是活出更好的姿态，以更好的自己去面对爱你的人。

如果你强烈地喜欢一个人，这个人身上多少有些优点正是你缺少的，比如知识、财富、地位、家务能力、体贴照顾、兴趣爱好等，如果是这些因素导致你很想接近他、拥有他，那你就应该努力去超越他，他比你博学，那你就努力充实自己；他比你富有，那你就努力去赚取更多的财富；他会烹饪，那你就去好好学几道菜式；他会照顾人，那你就学会照顾好自己；他兴趣爱好广泛，那你就多参加娱乐活动。当你做完这些事，再回过头来看他，会发现自己的爱更强大了，更理智了。

由于恋爱时把过多的时间与精力投入到恋爱对象身上，失恋时及时调整自己很重要，你需要从两人世界中走出来，恢复到社会生活中，重新维护你的朋友关系、亲人关系，重新捡起你的兴趣爱好，把精力投入到工作、学习中，这样你的时间会重新被占用，就不会有过多的空闲时间频繁地想念昔日恋人。感情是需要靠理智来控制的，要学会将注意力与情感分散到其他方面。即使在恋爱中，也不要过分地把注意力集中到对方身上，过多地沉浸于无端的猜测和幻想中，多做些有意义的事，多接触现实的生活，这样才能让感情更成熟、更坚固，也能在失恋时不会将自己的内心过度封闭，不会难以走出感情的伤痛。

只要你调整自己重新恢复到恋爱前的生活，把时间重新分配成恋爱前的状态，走出去恢复正常的社交活动，而不是将自己封闭，你就可以慢慢走出失恋的阴影。降低失恋痛苦的最好的方式是转移注意力，多在朋友、亲人的陪伴下参与一些活动，比如运动、旅游、慈善等。事实上失恋的人沉迷于恋爱幻想里不能自拔的状态与沉迷于网瘾的少年一样，都是分不清假想的生活与现实生活，过度迷恋于幻想中的美好，而逃避现实生活中需要面对的种种残酷。生活中多理性思考，少感情用事，多些兴趣爱好，确立自己事业发展的目标，多参加社会活动与人际交往，关注时事新闻，把注意力放在真实的事物上，而不是假想的事物上。每天有忙不完的事情，自然就不会有时间胡思乱想了，自然就对无聊的幻想没有兴趣了。当你从那种幻想的困境中走出来以后，再去回想自己当初的幻想，就能像一个旁观者一样看得清楚明白，就会发现自己当初不过是庸人自扰。

恋爱中的男女会极端地放大对方的价值，而缩小自我的价值，忽略其他异性的价值，因此我们常说恋爱中的男女是情人眼里出西施，明明在众人眼里是非常普通的人，在恋人的眼里却视若珍宝，而一旦失恋，也会极大地贬低自己，以致丧失自信。事实上，只要你从旁观者的角度来观察，这分明就是一件很小的事情，你失去了一个不合适在一起的朋友，再重新去结交新的朋友，仅此而已，人生不会从头来过，后悔没有任何意义。

心灵是最难以捉摸的，也是爱情中最微妙、最变幻莫测的部分，心灵因个体本身的不同而不同，受文化的影响而不同，不完全受理性控制，也不完全受本能影响。正如人的身体是强壮的或瘦弱的，人的心灵也有坚强的或脆弱的。丰富与强大自己，提高自己的物质独立能力与精神独立能力，学会自己找寻人生中的快乐与幸福很重要，要避免将所有的快乐与幸福都依附在对方身上，将爱情作为抵达幸福的唯一路径，这必然会给对方无形的压力，同时也无法满足自己。人生在世，恋爱的阶段总是短暂的，恋爱以后的婚姻将是平静如水的生活，所以性本能不会让人们永远处于热恋状态，多数时候还是需要正常的生活，需要自立自强面对生活中的困难。在爱情中不过分奢求遮风挡雨的港湾，爱情结束时才不会有大厦将倾的无望，失恋的人更应丰富自己的精神生活，才能从失恋的孤独、寂寞中走出来。

这个世界上，有恋爱就必有失恋，因为两个个体在恋爱中的节奏总是或多或少存在差异，每一份恋情都是艰难地探索与开拓，每一份恋情也都会遇到妥协与执念，也都会存在失败的风险。对于每一个恋爱中的男女而言，了解恋爱的本质，保持适当的理性，学会调整自己的心态是非常重要的，一定要避免做出伤害对方、自己，甚至第三人的过激行为。

爱要怎么放手

他追求着荣誉，我追求着爱情；他离开了他的朋友，使他的朋友们因他的成功而增加光荣。我为了爱情，把我自己、我的朋友们以及一切都舍弃了。我变成了另一个人，无心学问，虚掷光阴，违背良言，忽略世事。我的智慧因思虑而变得软弱，我的心灵因恋慕而痛苦异常。

——威廉·莎士比亚《维洛那二绅士》

恋爱无疑能带来很多的快乐，但是能带来巨大快乐的事一旦走向相反方向，也就会带来巨大痛苦，正所谓爱有多销魂就有多伤人。爱应该是阳光积极的，如果一份爱不是相互鼓励一起进步，而是相互折磨一起沉沦，那么这份爱情就不是健康的，是应该要放手的。

你们之间的爱之所以不快乐，一定是有原因的，有可能是你们对彼此的要求过高，将自己幻想的爱人的形象或者不当的欲望强加在了对方身上，而事实上相互并不能满足对方要求，如果你们继续相爱，只会给双方都带来压力与不满。又有可能是哪些外部因素阻止你们相爱，比如法律、道德等，即使你们相互喜欢对方，也不可能在一起。如果这些因素注定是你们无法逾越的，即使你们触碰了底线暂时走到一起，你们也不会快乐，与其如此，不如不要相互伤害。

　　有时候，即使理性让你很清楚很明白，有很多现实的因素使得你们在一起肯定不会幸福，可你就是离不开他，之所以如此，仅仅是因为你想去爱，却又找不到合适的对象去爱，将对方幻想成合适的对象，从而回避现实，满足你的心理需求而已。每一个人都有一个爱情梦想，性本能也驱动着你去爱，这种爱的渴望必然需要某一对象来承载，承载了你爱情梦想的人正如承载了宗教意义的某件圣物，事实上那就是一件普通的物品，你可以在茫茫人海中找到千千万万个相同甚至更好的，仅仅是因为你对其赋予了某种含义，所以才会与众不同。你的感情需要倾注到某个人身上，而他碰巧成了那个人，尽管他承载了你的爱情梦想，但未必真的符合你的梦想要求。有时，你离开这个人的难过并不是因为他有多么优秀，而是因为你的爱情梦想破灭了，又一时找不到承载的对象。事实上，如果那些导致你们不能相守、无法幸福的现实因素确实存在且无法改变，即使你们走到了一起，以后也会在生活中常常遭遇这些现实的干扰，而且痛苦不已。与其如此，不如现在就面对现实，把你的注意力从他身上转移开，才是最应该做的事。

确定恋爱关系后，双方难免会因为相互了解的加深而看到对方的某些缺点，相处过程中也难免会出现争执和不同意见，你能做出的选择只有两种，倘若可以容忍，那么就快乐地接受；倘若难以容忍，那就应该快速决断，长痛不如短痛，拖延时间只会对双方都不利。在道德约束力强、法律健全、婚姻未经解除永久有效的环境下，一场错误的婚姻有时足以毁掉一个人一生的爱情。

你在恋爱期将过多的精力投入到对方身上，可能忽略了身边的亲人、朋友，影响了自己的事业、学业、兴趣爱好的发展，当注意力从对方身上转移出来的时候，面对自己以前所失去的，无疑会更加痛苦，但是与其越陷越深，不如及时放手。如果你因为曾经的付出而迁就对方，强迫自己去延长这段恋情，那么这些迁就和强迫都会成倍增加你的痛苦。

从失败的感情中走出来，要调整自己的心态，重新拾起自己的兴趣爱好，增加自己的社会交际，将更多的精力投入到事业、学业中，这可以大大填补分手后的情感空白，摆脱失落感。时间是治愈感情创伤的最好的药，随着时间的推移，你的感情依恋就会渐渐减退，重新获得心灵上的独立，新的更好的感情会让你重新获得快乐。

　　未来有太多太多的未知超出了我们当初承诺时的想象范围，坚守、付出当然是一种真情，但也有很多困难和问题，不是坚守、付出可以解决的。爱是两个人的事，不是一个人的事，爱情不能仅仅依靠本能维持，天长地久的爱情需要两个人共同努力、共同坚守。如果一方不重视不珍惜这份爱情，或者你们之间真的存在不适合在一起的客观因素，那么选择放手并不是错误，反而是一种对感情、对人生负责的态度。爱若不能天长地久，那就坦然面对分手。

早知别离，何必相逢

爱情不过是一种疯狂，有了爱情的人，是应该像对待一个疯子一样，把他关在黑屋子里用鞭子抽一顿的。那为什么他们不用这种处罚的方法来医治爱情呢？因为那种疯病是极其平常的，就是拿鞭子的人也在恋爱。

——威廉·莎士比亚《皆大欢喜》

我们曾经抱怨现代化的高楼大厦隔离了四合院才有的邻里关系，然而即使重回四合院，我们依然难以找回曾经的邻里关系。高节奏的生活使得社会越来越快餐化、流水线化，无论是行业竞争，还是人际关系，人们在冰冷的机器与固化的程序里变得刻板与麻木，在生存竞争与商业交易的大潮里变得自私与狡诈。有的情感与服务、商品一样进入流通环节，同样变得越来越快餐化与流水线化，爱情越来越不可靠，婚姻越来越不稳定，单身的人越来越多。

经济生活独立、不需要彼此依附是人们更容易进入单身状态的重要原因。现代社会分工越来越细，我们不再需要男耕女织的生活，就像旧式的养老关系被打破，很多老人都愿意选择养老机构来养老，而不再依赖于众多子女。旧式婚姻关系中双方的相互照顾工作也大部分实现社会化，男人不再需要女人洗衣、做饭，提供保姆式的照顾，女人不再需要男人充当家庭维修工、搬运工，甚至女人也不再需要男人养家糊口，连孩子的抚养教育也可以交给社会，男人与女人在家庭中的合作与依附关系正在被一点点打破。

随着现代技术的发展，体力已不再是职业竞争中的关键因素，优秀的女性越来越多，她们有知识、善思考、勤劳、坚强，在经济收入、社会地位上不输给男性。然而，男女择偶的主流标准却依然未走出传统的模式，女人对于男人的要求往往更注重学识、经济实力、社会地位等方面，男人对于女人的要求往往更注重年龄、外貌、家务、生育等方面，所以很多女性花费大量的时间、金钱、精力在化妆甚至整容上，借此来获得经济与社会地位较高的男性的青睐，而不是努力让自己的内心更加善良、学识更加渊博，从而得到男人的喜欢。优秀的女人往往在学识、经济实力、社会地位等方面已经胜过了很多同龄的男性，这无形中让很多条件不及的同龄男人敬而远之。这使得有些优秀的女性处于尴尬的境地，随着时光的流逝，她们在一点点变老，在年龄和外貌等方面的优势日益流失，更没有可能找到同样优秀的男性。很多优秀的女性既不甘心找一个在情感与精神层面无法与自己对等交流的同龄男性，较强的道德自我约束下又不可能插足别人的婚姻，找比自己年龄小太多的男性又不符合实际，所以她们最终只能选择了单身。

在人类社会的金字塔结构里，无论年龄、学识、财富，还是名望、地位，本能和传统文化都倾向于女人从下往上选，男人从上往下选，所以处在金字塔顶端的女人选择余地最小，而同样处在顶端的男人可选择余地却最大。很多优秀的女性在传统择偶观下很难进入婚姻，而且随着年龄的增长也越来越难，独立优秀的女性往往会更有原则性和较高的道德修养，不愿意破坏别人的婚姻，更不会与别人共享一个男性，她们会选择宁缺勿滥。尽管传统的择偶观随着社会的发展在逐步改变，社会也逐步能够接受女性向下择偶，姐弟恋的比例有较大提高，但传统的择偶模式依然占主要地位。

尽管女性在经济上越来越独立，但传统的男权思想依然是女人走入婚姻的巨大障碍，有的男人一方面没有能力成为家庭生活的经济支柱，另一方面又依然保留着传统的男权思想。他们认为女人应该成为男人的附庸，女人应该逆来顺受、承担家务、照顾孩子，还要照顾男人的起居生活，而且不能给予妻子应有的尊重。这使得独立自强的女性只有两种选择，要么委曲求全，为维持家庭完整而不得不牺牲付出，尽量顺从男人；要么走出婚姻或不愿进入婚姻，选择单身生活。女性更注重情感交流而不是性，更不会为了保持性关系而与一个男人结合，而且优秀女性具备独立生存竞争的能力，在物质上不依附男人，往往更希望平等地得到与男人的情感交流。而男性则不同，男性在性的需求方面远远大过女人，而在情感的需求方面远远小于女人，所以对男性尤其精神文化层次不高的男性而言，可以进入婚姻的女性范围比较宽泛。此外，生理结构决定了繁衍的重任只能由女性来承担，一个优秀的女性承担着较重的社会责任，还需要承担繁衍后代的重任，如果男人既不能分担家庭中的责任，又不能提供情感上的安全感，那女性的深度疲惫感就可想而知了。

　　还有一个方面的原因，虽然不太普遍，但同样值得我们深思，那就是某些方面与社会发展脱节的婚姻制度也是很多人选择单身的重要原因。长期以来实施的婚姻财产共有制度在某种程度上违背了按劳分配的市场原则，使得部分懒惰的人贪得无厌，企图通过婚姻关系骗取对方财产，也导致了婚姻中纠纷不断。此外，现有的默认永久、财产分割烦琐与显失公允的婚姻制度使得一些人不愿意离婚，一直维持着名存实亡的婚姻。这些因素使得两性关系越来越不稳定，单身的人越来越多。当然，我们必须承认，婚姻制度的建立是一个长期发展的过程，现有的婚姻制度所要实现的是最普遍的相对公平和对婚姻家庭的保护，不可能尽善尽美，而且对现有问题的改进，也需要时间和外部力量去推进。

随着人类精神文明的发展，人们较大程度地脱离了性本能的需求，将更多时间花费在创作思考、兴趣爱好上，物质的丰富加上精神的充实，使得个体越来越独立，越来越崇尚自由，越来越不需要寻求合作。异性之间存在生理需求、兴趣爱好等方面的不同，必然需要相互迁就对方，这种迁就必然需要损失一些自由，在婚恋中多付出、多替对方考虑，相互多一些理解与包容，才能让婚姻和爱情走得更远。

处于单身状态的人，也要积极面对生活，单身不是最差的状态，虽然没有人每天给你爱，但至少没有人每天给你伤害。面对单身，首先要有正确的心态，积极地度过每一天，学会在孤独中享受生活、获得快乐。读书、运动、旅行，或者一个人看场电影，约上好友享受下午茶时光，多一些事业上的追求，这都不失为面对单身的好方式。

每一个人都是作为独立个体而存在的，没有谁可以永远依附于另一个人而存在。人生从起点到终点的旅程中，偶尔有人伴你前行一段，这一段或短或长，但都会离开，比如孩童阶段父母会花很多时间陪伴你，走入学校后老师和同学会陪伴你，进入社会后你要花更多的时间在工作与家庭生活上。尽管有很多人从你的生命中走过，但你的人生不会与任何人完全重合，即使是相濡以沫的夫妻，也总会有一个人先走。你就是你，是这个世界上独一无二的存在，需要独立坚强地面对一切，以宁静的内心面对人世间的繁华与落寞，这是一种更为超脱的境界。单身不需要花很多时间去陪伴另一个人，这会使你的自由时间大大增加，更容易感受到孤独，但也更适合成就自己，因为你有足够的时间去获得自身的成长，更好地实现你人生的价值与目标。积极而热情地追求爱情，同时又不过分惧怕单身的孤独，在单身阶段努力修炼和提高自身，这样会大幅提高拥有幸福的成功率。

爱到刚刚好

你可以充分享受青春的愉快，正像盛装的四月追随着残冬的足迹降临人世，在年轻人的心里充满着活跃的欢欣一样。

——威廉·莎士比亚《罗密欧与朱丽叶》

人生短暂，如何让每一分每一秒的时间都过得有价值、有意义，这是一道很重要的思考题，即使不考虑价值与意义，至少应该过得健康、愉悦。

爱情来的时候自然是让人愉悦的，能获得一份天长地久的爱情，保有长久的愉悦，自然是每一个人的愿望。然而，爱情是两个人的事，恋爱的过程本身就是相互抉择的过程，谁也无法保证相互了解加深之后，自己真的是适合与对方天长地久的人。若能在一起，愉悦地在一起；若不能在一起，互不伤害地分手比固执地坚守更重要。

爱情来自于两个彼此牵挂又各自独立的灵魂，而不是来自于强行的捆绑与控制。健康的爱情是让爱情开始、延续或结束都恰到好处，付出过无悔，获得过心存感恩，整个爱情给双方带来的结果都是正面的、积极的，而不是负面的、消极的。因此，刚刚好的爱情应该是付出的人和获得的人都能感受到快乐，就像《太阳的后裔》中宋仲基给宋慧乔系鞋带的那一幕，无论是宋慧乔自己系鞋带，还是宋仲基帮她系鞋带，总起来看系鞋带的结局是一样的，但两个人都能从中感受到快乐，用经济学的语言说总效用是提高的。如果有一天付出的人厌烦了，或者获得的人不满足了，爱情就此结束，这样回忆里每一幅画面都是美好的。可偏偏现实生活中爱情的结束充满了不愉快的纠缠，或者是付出的人没有得到期望中的东西，或者是获得的人已经习惯了索取，又或者是无力结束内心深处那个天荒地老的爱情神话。因为有某种期望落空，或有些许不甘心，在无休止的纠缠中痛苦盖过了所有的快乐，彼此回想起来只剩下冰冷的怨恨甚至仇恨。

　　恋爱时的付出是很多人失恋时心理不平衡的重要原因，无论你在恋爱中失去了什么，不要纠结于已经失去的东西，那只会让你越来越痛苦，及时放手开始新的生活才能将损失降到最低。你心理不平衡无非是因为你的付出没有回报，但是不管你的心理有多么不平衡，你的付出都不可能收回，纠缠将会让你付出更多的时间与精力，结局只会更痛苦。恋爱中不要对恋人有太多不切实际的期望与要求，你的恋人也是一个普通人，并非优秀得无与伦比，或高尚得卓越超群，同样有普通人的七情六欲，有普通人的坏情绪与坏脾气，有自己能力所不及的范围，有自己的脆弱与无助。

世界有那么多未知的领域值得去探索，人生有那么多有价值有意义的事情值得去做，何必浪费时间和精力去纠缠，如果爱情带来的已经不再是正面效应，该结束时就勇敢地结束。

离开你，遇见更好的自己

> 66 那些纠缠不休的过往，
>
> 不过是凡夫俗子的庸人自扰，
>
> 离开你，我是更好的自己，
>
> 笑谈春花秋月，坐看云卷云舒。
>
> 经历过痛苦，
>
> 才明白什么是快乐；
>
> 经历过风浪，才明白什么是平静。 99

曾经深爱转眼成云烟

我最初爱慕的是一颗闪烁的星星，如今崇拜的是一个中天的太阳。无心中许下的誓愿，可以有意把它毁弃不顾。她是我从前两万遍以灵魂作证的盟约，我甘心供她驱使，我不能朝三暮四转爱他人，可是我已经变心了，我现在所爱的才是真正值得我爱的。

——威廉·莎士比亚《维洛那二绅士》

初次相识，他的一个眼神都足以让你心动，肢体的一次轻微碰触都给你带来触电的感觉，他的脚步、声音、身上的味道都可以让你的心跳加速。相处久了，尽管你们的感情并没有出现问题，但你对他的激情会大大下降，你们的生活平淡无奇，更多的是亲情，早已经没有了恋爱初期相互触碰对方身体的渴望与激动。牵着他的手如左手牵右手，即便爱意不减，身体本能的反应也会大大下降。

尽管情欲的对象还是当初喜欢的样子，他什么也没变，但随着相处时间的延长，你对他身体的本能欲望却会大大下降。为什么对同一对象的情欲通常是递减的，而不能富有激情地共度一辈子？原本，我们希望能共度一生，希望能在同一个屋檐下长相厮守，才会毫不犹豫地选择了婚姻。

我们曾经抱着白头偕老的美好愿望相爱，那一刻信誓旦旦，那一刻也许每个人都是真的，因为当时的激情足以支撑起天荒地老的誓言，然而时光的流逝让承诺变得苍白无力。无论多么轰轰烈烈的爱情，最终都会回归到平淡的生活中去，有的人在平淡中迷失了自我，倒在了诱惑的旋涡中，有的人在平淡中秉持初心，感受着细小堆积出来的伟大幸福。

恋爱之初总会有很多的幻想，这种幻想源于对恋人不够了解，也源于对未来生活不够了解，以及对爱情本身不够了解，因而忽略了恋爱对象的缺点与现实生活中的困难，总觉得未来是无限美好的。随着双方了解不断加深，日复一日地重复着同样的生活，看着同样的人，熟悉得不能再熟悉，对方的优点让你司空见惯，不再有惊喜，而生活中的现实问题却一点点浮现，柴米油盐的人间俗事难免会磨灭一些激情。

物种需要尽可能使自身的基因存续下去，食物无疑会限制物种的数量，此外，疾病、灾难、被其他物种捕食等都会导致繁衍后代的夭折，自然界中的动植物大量的产卵和结籽可以很好地补偿这些夭折，尤其对后代保护能力不强的物种而言，更是如此。

物种本能地寻求更多的繁衍对象，达到基因广泛传播的目的，以保证一部分后代夭折后，还有另一部分后代能存活下来，从而使得基因延续下去。从本能的角度讲，随着恋人共同生活时间的延长，本能上的繁衍目的已经达成，基因传播的目的已经达到，繁衍的边际效用递减，情欲也就会下降。此时，再加上互相了解的加深、对方缺点的不断放大、现实生活困难的考验，内因与外因会形成一股强大的合力，甚至会动摇感情的基础。

倘若不加以约束，没有坚定的意志或文化修养的提高，没有外在力量的监督，在不断面对新的诱惑时，人类势必像低等动物一样随意地结合与分开，甚至为获得繁衍权而相互争斗。因此，社会制定了各种规则、发展了各种文化，使人们维持较为稳定的婚姻关系，使人类从低等动物般的交配、繁衍中解放出来，将更多时间用在物质文明与精神文明的建设上，从而推动了人类的发展。

如果激情不再，对爱情的渴望是否会让每个人都痛苦地挣扎并试图逃出婚姻的坟墓呢？那些婚姻已经名存实亡的夫妻又如何走完这一生呢？在这些方面仅仅靠法律、道德的约束，显然会大大降低婚姻中的愉悦感。尽管从本能的角度来说，人类会不断对新的异性产生更大的兴趣，但某些精神上的愉悦会降低本能的反

应，比如恋人间共同的兴趣爱好、共同的价值追求等，这会增强
婚姻中的愉悦感，提高婚姻的稳固度。因此，选择恋人的时候应
该更注重精神层面的契合度和相互吸引，让爱情和婚姻更快乐、
更坚固。

我们终究没有逃过爱情的魔咒

正像一阵更大的热焰压盖住原来的热焰，一枚大钉敲落了小钉，我的旧日的恋情，也因为一个新的对象而完全冷忘了。是我的眼睛在作祟吗？还是她的真正的完美使我心醉？或者是我的见异思迁的罪恶，使我全然失去了理智？

——威廉·莎士比亚《维洛那二绅士》

爱情带来的情感波动让我们难以捉摸，时而疯狂、时而低沉、时而欣喜、时而厌倦，热恋时长相厮守的激情让我们终于走入了婚姻，然而，婚姻却未必像我们想象的那般美好。

随着婚姻进入平淡，爱情中所有的新鲜与神秘感荡然无存，激情大大下降，原来的爱情更大程度上转换成了亲情，触摸着对方就如同触摸着自己，没有了怦然心动的感觉，而对新的异性却产生了更大的兴趣。同时，婚后很多现实的问题渐渐浮出水面，婚姻并非都是花前月下的生活，更多的是责任和担当，因而当婚姻考验两个人感情的时候，未必每个人都经得住考验，很可能大大低于对方的预期而使对方失望。七八年的时间往往也涉及后代的出生与抚养，涉及与对方原生家庭成员的相处，更易产生矛盾，于是人们便有了"七年之痒"的说法。"七年之痒"指婚姻进入第七个年头时，夫妻双方的激情与好感在柴米油盐的日常生活中渐渐褪去，婚姻面临危机的考验。

那为什么七年会是一个重要的期限，而不是六年或者八年、五年或者九年呢？难道这真的是一道爱情的魔咒？笔者以为，七年的期限可能与物种繁衍的本能相关。小猴子只需完全依赖父母一年就可以独立生活，猩猩需要依赖三至四年，而人类需要依赖的时间则长达六至八年。我们现在的小学教育通常从六到七岁开始，在古希腊的斯巴达，男孩子到了七岁就要离开家庭到寄宿学校里去。从这个角度看，"七年之痒"是人类在已繁衍的后代具有一定的独立能力后，寻求新的繁衍对象的本能反应。

热恋阶段保证繁衍的完成，而"七年之痒"则是保证七年的时间完成抚养。当然，"七"并非是个准确的数字，而是一种大致的说法。显然，无论是热恋还是"七年之痒"，都是受本能所驱使的，使人类在生理上有相应的反应去寻求与保证繁衍。

热恋时爱得轰轰烈烈、缠缠绵绵，恨不能长相厮守，因而选择了婚姻，而真正进入婚姻之后，面对的生活并不如当初所想的，重心从追求对方转回到日常工作中、对老人孩子的照顾中、日常社交中等，给对方的关心照顾或陪伴难免减少。另外，热恋时繁衍的本能可以放大对方的优点，对对方不够了解，因为可以忽略对方的缺点而心存幻想。两个人在长期的生活中本能的激情逐渐下降，对方的缺点也渐渐浮出水面，依靠本能来维持越来越难，需要双方的文化修养与道德责任去维系，如果不能，婚姻的危机就会到来。

婚姻不能仅仅靠本能维持，在婚姻的选择中应慎重，避免草率结合带来的悲剧，即使是处于恋爱之中，也要保持清醒的头脑，不要对对方持有过高的期待，对婚姻中需要面对的问题有正确的认识，理性的婚姻更能获得长久的幸福。

随着社会的发展，文化、教育观念的变化会使得对孩子培养教育的时间发生变化，孩子需要父母付出更多的时间和精力，再加上与孩子相处所带来的快乐和焦虑，可以冲淡或延缓生活中的"痒"。同时，精神文化方面的因素可以淡化本能的因素。

三月香巢已垒成，梁间燕子太无情

哪一个夏天不绿叶成荫？哪一个男子不负心？让他
们去，收起我的哀丝怨绪，唱一曲清歌婉转。

——威廉·莎士比亚《无事生非》

泪水滴落在怀里婴儿熟睡的脸上，他睡得如此安详与满足，
全然不知道大人的世界里发生了什么。墙上的结婚照看起来曾经
是那么幸福与甜蜜，可如今看来这一切却全是谎言，你感觉全世
界都在欺骗你，没有什么可以值得信任，连最亲密的人都可以背
叛你。他爱过你吗？你感觉自己仅仅是泄欲与繁衍的工具，你恨
他欺骗了你，曾经的山盟海誓如今却变得如此恶心，你甚至后悔
不该把这个无辜的小生命带到这个冰冷破碎的家。

既然给了他生命，你就有责任让他在阳光下健康成长，哪怕
是独自抚养他长大，也要给他所有的爱与温暖。雌性动物承担孕
育后代的责任，不只是人类才有，自然界的很多动物都是如此，
所以你的使命与生俱来，你孕育了他，你就不会再有回头路，必

须坚强勇敢地担负起这份责任。你不再是那个等待万千宠爱的公主，而是一个充满母性的爱与光辉的天使和女神，为保护他可以不惧所有风霜雨雪，冲破所有艰难险阻。

尽管生活中不乏男人在女人怀孕期间出轨的事例，但毕竟普通人的家务事不受关注，而明星的公众地位使得女明星怀孕期间，丈夫的出轨行为更易公之于众。

女人身体里正怀着男人的孩子，而这个男人却正在和别的女人偷欢，这难免会让人难以接受。很多女人想不明白，孕前对自己恩爱有加的丈夫，为什么偏偏会在自己怀孕或忍受痛苦给他生孩子的时候，爱上了别的女人。难道当初不是因为爱而结合的吗？难道孩子不是爱情的结晶吗？自己怀孕了理应得到丈夫更多的照顾、更多的体贴才是。

很显然，持有这些想法的人没有分清楚什么是爱，什么是本能的欲望。女人往往在感情上比较被动，恋爱期间男人的各种追求与宠爱，渐渐转变为女人托付终身的信任，理所当然地认为孩子是爱情的结晶，男人会因为这个爱情结晶的到来而对自己更加呵护。怀孕后身体的各种变化、生育期的各种不适都让女人更需要男人的照顾与陪伴，同时也更需要安全感，然而让部分女人失望的是，爱情结晶的到来并没有带来男人更多的爱，反而可能受到男人的冷落。

女人怀孕后身体会变形与臃肿，这本身会让男人的兴趣下降，另外，由于女人怀孕后身体不适以及担心胎儿受到影响，以前可以和丈夫一起做的可以增进感情的事情现在不方便做了，比如打球、旅行，甚至疯玩疯闹，等等，同时也包括性生活，包括更好地照顾丈夫的日常生活与情绪。对此，一些较为自私的男人会试图从其他女人身上寻求满足。

怀孕后有些女人得到的不是更好的关心，而是更多的冷落，单就这一点，就让很多女人难以接受。再加上怀孕时身体不适给女人带来的坏脾气与坏情绪，只会使男人的态度更差。怀孕的过程对两个人来说都是一个艰辛的过程，花前月下、云淡风轻的生活不太可能有冲突和摩擦，面临困难的时候才是真正考验感情的时候。女人面对怀孕带来的变化缺乏心理准备，男人也一样，对两个人都是挑战，是否能患难与共、相互体谅和理解，一起解决问题，需要两个人的共同努力。

因爱而性是大多数女人的思维，容易将男人对自己的性欲理解为男人对自己的爱情。性本能是物种繁衍的需要，男人在本能上有持续实施性行为以达到繁衍目的的需要，一方面，在女人怀孕期间男人无法继续本能上的性行为；另一方面，女人怀孕与生育意味着繁衍目的已经达到，男人有继续寻求新的繁衍对象传播基因的本能需要，所以女人怀孕与生育期间往往是男人出轨的高峰期。

　　当然，上面这些只是本能的因素，精神文明的修养和强烈的家庭责任感可以使得本能带来的寻求繁衍的身体反应下降，使得男人将注意力转移到事业、照顾怀孕的妻子、抚养后代成长等其他方面，而不是寻求新的繁衍对象。一个男人是否能在女人怀孕与生育期间不出轨，在于这个男人能在多大程度上为这个女人放弃自己的本能需求，以及有多高的精神文明修养和责任感抵制这种本能需求。

　　如果你想要一个孩子，想和他有一个共同的家，这也是你的欲望，而不仅仅是爱，你应该为自己想得到的东西而努力付出。你们的欲望也许并不对称，你想要的可能并不是他想要的。如果你没有勇气承担责任、面对所有的问题，你就不要贸然地决定生养孩子，如果孩子已经出生了，无论发生了什么，你都应该对自己的行为负责，对一个新的生命负责，努力去承担和面对一切困难。对于男人在女人孕期的出轨问题，仅有道德约束是不够的，法律也要对孕产期的妇女给予必要的保护，明确男人的法律责任。

　　常有闺蜜问起，该找一个什么样的男人共度终生，一个现在对她很好的男人，以后还会不会对她好？我说，至少得找一个善良的男人，一个作恶多端的男人，对任何人都不好，只对你好，那是因为你有他最想要的，如果你能保证自己一辈子都有他最想要的，并且不可替代，他就会一辈子对你好，就怕你不能。

　　孕期与生育期是女人最需要男人的时候，表现出这个男人能否为自己提供繁衍期间的保护，而这段时期男人出轨对女人的打击往往最大，恋爱期间建立起来的信任将彻底崩溃，这种心理伤害一旦形成就很难修复，感情破裂的危险期往往就是这段时间。对此，男人也应予以重视，洁身自好，女人对男人的感情会大为增进；贪图一时之乐，就很有可能分道扬镳。即使女人出于家庭完整等方面的考虑未提出离婚，本能上对男人的信任和情欲会大大下降，因为性意味着繁衍，如果一个男人提供不了繁衍期间的保护，那么女人与之繁衍的愿望就会大大下降，哪怕只是性生活，并非实质的繁衍。

花谢花飞花满天，红消香断有谁怜

像你这样的姑娘家，走这么远路，该是多么危险！美貌比金银更容易引起盗心呢。

——威廉·莎士比亚《皆大欢喜》

一朵开得艳丽的花，每个路过的人都想采摘回去享受它最美的那一刻，但这不是爱，只是喜欢或欲望。花开得太美就容易被人折去，这是显而易见的，明白了这一点，就明白了为什么会红颜薄命。如同莎士比亚的那句话，"美貌比财富更容易引起盗心"，因此，越漂亮的女性越容易遭遇不测，且越是在乱世，越是盗抢猖獗，越有可能红颜薄命。

中国古代有四大美女，西施、王昭君、貂蝉、杨玉环，分别以"沉鱼落雁之容，闭月羞花之貌"被人们津津乐道，然而她们不过是封建时代男人权力游戏中的棋子，在她们红颜老去之后，也就凄凉地淡出了人们的视线。

西施出生于春秋时期的越国，享有"沉鱼"的美誉，"沉鱼"

是形容她在河边洗衣服时，鱼儿看着她美丽的倒影，忘记了游水，所以渐渐沉入河底。

西施本名施夷光，春秋时期越国一名普通的乡村女子。越王勾践三年（公元前494年），越军被吴军败于夫椒（今江苏省吴县西南），越国被迫向吴国求和，越王勾践沦为吴国的人质。三年后勾践被释放回越国，卧薪尝胆试图复国报仇。勾践在吴国当人质期间了解到吴王有好色的弱点，试图使用美人计作为灭吴计策，于是让手下在全国寻找美女，西施因此被选中。越国将天生丽质的西施培养得能歌善舞、举止优雅后献给吴王夫差，送入吴国的西施成为了吴王最宠爱的妃子，吴王夫差被西施迷得神魂颠倒，因而荒淫腐败，沉湎色欲，不理朝政。越王勾践二十四年（公元前473年），越国攻入吴国首都姑苏城，迫使吴王夫差自尽。吴国灭亡后，西施的人生也就到此结束了，尽管关于西施的命运说法不一，但史书记载最多的还是沉江之说。当勾践灭了吴国，夫差被逼自杀之后，西施是怎么死的显然已经不重要了，因为西施不再有利用价值了。

西施只是一个普通女子，她可以利用的价值是她的美貌，在被利用完毕之后，她依然是一个普通女子，因此，她注定只能在历史舞台上昙花一现，她的结局从一开始就注定了。

墨子在《亲士篇》中说：比干之殪，其抗也；孟贲之杀，其勇也；西施之沉，其美也；吴起之裂，其事也。意思是说比干的死，是因为他正直；孟贲被杀，是因为他逞勇；西施被沉江，是因为长得美丽；吴起被车裂，是因为他有大功。这些人都因各自的长处而招致杀身之祸，西施最终被沉入江中，就是因为她过人的美貌。

王昭君为西汉人，大约公元前 52 年出生，公元前 15 年去世，去世的时间有争议。昭君出生于南郡秭归县（今湖北兴山县）的一户平民之家。汉元帝时期约公元前 38 年被选为宫女，是中国古代四大美女之一，竟宁元年（公元前 33 年），匈奴首领呼韩邪单于主动朝见汉朝皇帝，请求娶汉人为妻，汉元帝挑选了王昭君作为和亲对象。昭君告别故土，一路上黄沙滚滚、心绪难平，于是在马上弹奏了《琵琶怨》，人们将昭君出塞的这一场景称为“落雁”，因为琴声凄婉悦耳、昭君美艳动人，使南飞的大雁忘记了挥动翅膀，以至于纷纷跌落于平沙之上，“落雁”从此成就了昭君的美名。

昭君与呼韩邪单于共同生活三年，生育了一个儿子。建始二年（公元前 31 年），呼韩邪单于去世，昭君上书汉成帝，请求返回中原，当时汉元帝已去世，汉成帝拒绝了她的请求，敕令昭君遵从匈奴习俗，继续留在匈奴。依照匈奴的收继婚制度，昭君嫁给了丈夫的长子复株累单于，复株累单于为其丈夫前妻的儿子，两人共同生活十一年，直到复株累单于去世，生育了两个女儿。

复株累单于去世以后，昭君也就从历史舞台上淡出了。王昭君约公元前 52 年出生，复株累单于在公元前 20 年去世，此时的王昭君已三十多岁，且生育过三个孩子，美貌容颜显然也是一日不如一日。如果按照公元前 15 年去世的说法，王昭君在复株累单于去世以后 5 年，也就是 37 岁即离开了人世。关于王昭君的死，有很多传说，美人迟暮是人们不愿直面的现实。无论是西施、昭君，还是貂蝉、杨玉环，她们有记载的历史都结束在 35 岁以后至 40 岁以前，后面的故事便出现了很多争议，为了满足人们的心理需求，各种小说与传说更愿意给她们留一个或完美或凄美的结局，而不愿意陈述残酷的历史现实。

民间传说貂蝉出生于山西的一个小村庄，原名任红昌。关于貂蝉，史书上并未找到记载，其最早出现于《三国志平话》中，是吕布的原配妻子，与吕布在家乡失散后流落他乡，沦为王允的婢女。貂蝉在中国古代四大美女中有"闭月"之称，意为月亮的光芒也不及她的美丽，见到她就躲到了云彩后面。在历史小说《三国演义》中，王允将貂蝉收为义女，用美人计离间董卓与养子吕布的关系。王允先把貂蝉暗地里许配给吕布，再明着把貂蝉献给董卓做妾。吕布乘董卓上朝时，入董卓府探望貂蝉，貂蝉和吕布相约来到凤仪亭相会。貂蝉假意对吕布哭诉被董卓霸占之苦，使吕布深感愤怒。哪知二人私会正巧被回府的董卓撞见，董卓发怒抢过吕布的方天画戟，直刺吕布，吕布飞身逃走，从此董卓与吕布两人互相猜忌。此时，王允便说服吕布，刺杀了董卓。后来吕布被曹操军队围困，貂蝉不愿意丈夫单独突围，誓言要与他至死不分离。吕布深受感动，放弃了陈宫妙计，每日只与貂蝉作乐，置前线的战事于不顾，最后被擒杀。吕布被杀之后，貂蝉的故事也就结束了，因为她的生死已无关重要。

杨玉环于公元719年出生于官宦之家，在中国古代四大美女中有"羞花"之称，形容杨玉环的美貌让鲜花都自惭形秽，羞得抬不起头来。

开元二十二年（公元734年）七月，唐玄宗的女儿咸宜公主在洛阳举行婚礼，杨玉环也应邀参加。唐玄宗的儿子也就是咸宜公主的弟弟寿王李瑁对杨玉环一见钟情，唐玄宗同意了武惠妃的要求，下诏册立杨玉环为寿王妃。开元二十五年（公元737年），寿王的母亲武惠妃逝世，唐玄宗将杨玉环召入后宫之中。开元二十八年（公元740年）十月，唐玄宗以为母亲窦太后祈福的名义，敕书杨玉环出家为女道士，道号"太真"。天宝四年（公元745年），唐玄宗把韦昭训的女儿册立为寿王新的妃子，自己则册立杨玉环为贵妃。

天宝十四年（公元755年），范阳、平卢、河东三镇节度使安禄山以"清君侧、反杨国忠"为名起兵叛乱，兵锋直指长安。第二年，唐玄宗带着杨贵妃和她的兄长杨国忠逃往蜀中（今四川成都）。杨国忠在妹妹杨玉环得宠后飞黄腾达，官至宰相，他任相期间，专权误国，败坏朝纲，与安禄山的矛盾最终导致了安史之乱。唐玄宗避难的队伍途经马嵬驿（今陕西兴平市西）时，以陈玄礼为首的随驾禁军军士，一致要求处死杨国忠和杨贵妃，随即发生叛变，乱刀杀死了杨国忠。

唐玄宗称杨国忠乱朝当诛，但杨贵妃无罪，应该赦免，无奈禁军将士都认为杨贵妃是祸国殃民的红颜祸水，安史之乱就是因杨贵妃而起，"不诛难慰军心、难振士气"，于是继续包围皇帝。唐玄宗接受高力士的劝谏，为求自保，不得已之下，赐死了杨贵妃。最后，杨贵妃被赐白绫一条，缢死在佛堂的梨树下，时年37岁。尽管也有杨贵妃死于乱军之下的说法，但基本都对其死于马嵬驿没有争议。

女人应该要意识到，正如财富会成为被人利用的对象，美貌也可能成为被人利用的对象，要学会保护自己，衣着不要过于裸露，不要与陌生人去偏僻的地方，不要在安全没有足够把握的情况下与异性单独相处。

作为女人，无论有多么美丽的容貌，都不要试图借此依附男人而存在，仅有美貌是不够的，只有自立自强，才能拥有抵挡风雨与外来侵蚀的能力，才能保护自己，不至于成为轻而易举被践踏的花朵，才能在容颜老去之后依然活出自己的姿态。

爱情与陷阱，几分醉与几分清醒

外观往往和事物的本身完全不符，世人却容易为表面的装饰所欺骗。任何彰明较著的罪恶，都可以在外表上装出一副道貌岸然的样子。多少没有胆量的懦夫，他们的颊上却长着天神一样威武的须髯，人家只看着他们的外表，也就居然把他们当作英雄一样看待。再看那些世间所谓美貌吧，那是完全靠着脂粉装点出来的，愈是轻浮的女人，所涂的脂粉也愈重。

——威廉·莎士比亚《威尼斯商人》

爱情能带给我们的快乐无疑是其他很多快乐所不能比拟的，所以恋人们才会深陷情网，难舍难分。不过，极度快乐的反面是极度的痛苦，一旦爱情遭遇挫折，往往也会带来很大的伤害。即便如此，我们渴望快乐，所以我们渴望爱，浪漫主义的爱情文化让我们爱得盲目而非理性。在爱情的巨大光环下，我们甚至不应该问对方姓甚名谁，固执地认为爱是凭感觉的，我们凭着感觉去爱，全然不知道自己为什么而爱。我们错误地以为爱应该毫无保留地付出，以此来证明我们爱得真诚，也简单地以为真挚的毫不设防的爱可以换来同样的回应，然而，当我们全身心付出的时候，换来的却可能是阴谋的陷阱与残酷的欺骗。

要理解性，需要从动物最原始的本能出发，大多数时候，所谓的爱情都是从性本能的欲望开始的，两性欲望所带来的愉悦正如美食、童年的玩具带来的愉悦，是一种感官的享受，人类对其进行了过度的美化。一旦进入恋爱，就会过度放大对方的优点、美化对方的缺点、高估对方的价值，导致自己无法做出客观准确的评价。恋爱期繁衍是最重要的事，此时恋爱者会忽视繁衍以外的很多因素。

对于爱，我们缺乏正确的理解，我们把慈善简单理解为施舍，把爱他简单理解为养他，导致善心被别有用心的人利用，爱情也同样也会被别有用心的人利用。我们需要付出爱，更需要以正确的方式去付出爱。不当的爱使得不劳而获的种子肆意生长蔓延，以爱为名的控制与欺骗，也就变得平常了。当我们毫无保留地付出爱的时候，殊不知，最大的爱是支持正义，如果你用爱支持了一个邪恶的人，只会让他做出更多的邪恶的事。爱，要有该有的理性，不应在施舍过程中满足了自己的心理需求，却给了骗子可乘之机。长久以来，我们都认为爱应该凭感觉，可以英雄不问来路，然而我们错了，性才是凭感觉的，爱不是，爱需要用理性去了解对方。爱不应该过于功利，不能对物质、权力等附带不当的欲望，爱也绝不能盲目，至少我们应该去爱值得我们爱的有善意的人，而不是去爱一个别有用心、利用我们感情的人。

恋爱期较大的非理性特征使得爱情极易被别有用心的人利用，他们通过欺骗恋人的感情来获得恋人的财富。很多优秀的男女专注于知识技术的创新发展，为推动社会发展做出了贡献，他们的专业性毋庸置疑。由于他们对某一领域的过于专注，以至于在自身婚恋问题上经验非常少，无法正确地处理自身的情感问题，很容易成为感情欺骗的对象，在别人设置好的阴谋与陷阱中深受重创，甚至失去生命。这是他们个人的损失，更是社会的损失。

以爱情与婚姻作为幌子骗取钱财的案例不在少数，高级白领被骗得近乎倾家荡产的报道也屡屡见诸媒体，她们被利用的正是对爱情的盲目信仰与急切渴望。良好的知识背景与勤劳的双手支持着她们走上事业的坦途，她们专注于所从事的各项工作，然而有一门知识是她们不曾真正学会的，那就是性与爱。由于对性爱的懵懂无知，怀着对爱情美好的憧憬而陷入骗子的陷阱，用盲目的、愚昧的爱葬送了自己的幸福。对爱情的美好憧憬没有错，但如果不懂得性的起因与特征，就无法区分什么是性、什么是爱，无法分辨什么是爱、什么是欺骗。

恋爱中的愉悦让人们难以放弃，在开始恋爱前我们就要审视双方的关系，确定是什么因素让我们结合在一起，这种结合能否给双方带来幸福，如果不能，就不应该开始这场恋爱。即使已经进入恋爱，也不要过度沉迷于其中，应保持适当的理性，避免别有用心的人以爱情为诱饵，一步步将你诱入事先设置好的圈套。爱一个人首先要有爱的能力，如果他不是一个善良的人，他拿什么爱你？如果他不是一个勤劳的人，他拿什么养活自己？如果他是一个失信的人，他凭什么守住爱情的盟誓？如果他是一个不守规则的人，他凭什么能守住婚姻的规则？这样的人怎么能给你爱情？在恋爱中要保持应有的清醒，不要上当受骗了还对恋爱对象抱着不恰当的幻想，使得自己越陷越深，损失不断扩大。恋爱时不当的幻想才是导致受骗的最大因素，越是心灵脆弱的人，越容易产生这种恋爱幻想。这种幻想并不是真正基于双方的现实条件，而纯粹是将自己的希望、渴望强加在恋爱对象身上，企图在恋爱对象身上得到满足，或自欺欺人地相信恋爱对象能给予自己满足。过度幻想爱情的美好使我们明明知道不可能，却依然死守着不肯放手。

多数人是普通的、平凡的，不可能达到参透生死、看透荣辱与名利的不以物喜、不以己悲的状态，每个个体是如此渺小，根本没有能力在大的社会环境中主宰自己的命运，随波逐流而又深感无奈。人们的内心是寂寞的、孤独的、不安全的，所以千百年来，宗教和爱情在人们心中的地位才会难以撼动。热恋时，性本能驱使人们将繁衍视为唯一重要的事，可以暂时忘记生存竞争的残酷，忘记曾经的遗憾、不满甚至仇恨，一切工作、生活中的烦恼都变得不再那么重要，恋人的一个拥抱就可以缓解一切压力。所以说，恋爱是一剂良药，人们幻想恋爱对象就是来到自己身边的天使，可以治愈内心所有的伤痕，也就容易将爱情当成一种宗教般的信仰。性本能所带来的这种感觉并不能维持很长时间，恋人也不是有求必应、点石成金的神，现实生活中的种种问题还是需要自己去坚强面对的。

起源于卢梭的浪漫主义运动，给爱情加上了很多美丽的光环，强化了心灵的欲望，过度夸大了爱情的喜与悲，鼓励了爱情的非理性。浪漫主义鼓励摆脱各种束缚，去掉各种功利标准，摒弃阶级门第、年龄文化等一切差距，甚至违背道德、法律，表现出强烈的炽情。文明会抑制冲动，必然减少感官的享受，这使得很多人愿意去享受一份非理性的感情所带来的愉悦，而当这份非理性的感情上升到婚姻或面对现实的问题后，就注定不再是愉悦了。非理性的爱情降温或褪去美好的面纱之后，为摆脱这种关系很可能出现情杀或因情导致的各种伤害。

爱情的浪漫主义沉溺于愉悦的幻想中无法自拔，一旦现实与幻想相冲突，就会带来越陷越深的痛苦。爱情的浪漫主义歌颂爱情，很多时候只是歌颂了欲望的感官享受，纯粹的爱情是一种至高无上的道德，不需要法律强制就可以控制本能的欲望，履行照顾扶助的义务，甚至更多的关怀，所以现实生活中要获得纯粹的爱情并不容易。

诗歌、音乐等华美夸张的词句放大和强化了爱情悲喜的感官感受，一切理性的选择都会降低爱情浪漫主义者的愉悦。《理想国》里说得最贴切，"爱情和愤怒，以及心灵的其他各种欲望和苦乐——我们说它们是和我们的一切行动同在的——诗歌在模仿这些情感时对我们所起的作用也是这样的。在我们应当让这些情感干枯而死时，诗歌却给它们浇水施肥。在我们应当统治它们，以便我们生活得更美好更幸福而不是更坏更可悲时，诗歌却让它们确立起了对我们的统治。"

心灵最难以控制，可以势如猛兽，也可以静如止水，这需要我们自身不断提高克制能力。一旦我们在恋爱中过度沉迷，就到了骗子收网的时候，此时我们为了不失去对方，使自己爱情幻想的气泡不至于破灭，就会委曲求全地不断满足对方的要求，直到没有了被骗的价值为止。因此，我们一定要保持适当的清醒，必要时求助于可靠的亲人朋友，或者向警方求助，避免掉入骗子的陷阱。

　　爱情无疑可以改变一个人，让一个懒惰的人变得勤快，让一个暴躁的人变得温柔，让一个恶毒的人发出慈悲之心，但这往往是短暂的，恋爱期强烈的欲望驱使他这么做以取得恋人的欢心，一旦这种本能的欲望渐渐淡去，人通常会回归原来的样子。在爱情中要有正确的价值观、人生观，一个十恶不赦的人只可能有欲望，不可能有爱，尽管有时对你的欲望表现为对你呵护有加，一旦这种欲望随时间流逝，当你们两个人利益不一致时，他对待其他人时的冷酷可能就会用在你身上。

CHAPTER 6

留人间多少爱，迎浮世千重变

" 我日夜兼程却始终追不上你那颗游移不定的心，

为何你是我的全世界，而在你的世界里，

我却要为争得一席之地而耗尽全力。

我不惜倾尽所有，以换来你爱的施舍，

只为那些过往，能成为经久的回忆。

无论余生有多长的空白，只要闭上双眼，

就能感受你爱的温暖。**"**

你心里是不是还有别人

爱神丘比特据说是一个孩儿，正如顽皮的孩子惯发
假誓一样，掌管爱情的小儿也到处赌着口不应心的咒。

——威廉·莎士比亚《仲夏夜之梦》

爱情的忠贞和专一自古到今都受到人们的歌颂和向往，事实上我们也都曾经希望能遇到如此完美的从一而终的爱情，也曾经坚定地相信，自己是可以从一而终的，可究竟是什么磨灭了你们之间的爱情，让你们的激情一点点褪去。直到有一天，那个你曾经珍若生命的人，离你越来越远，是你变了，还是他变了，或者是你们都变了，又或者其实你们都没变。

你在人群中遇到的那个他，原本并不起眼，是什么让你觉得他是如此独一无二，对你有如此非凡的意义。又是在哪一天，你幡然醒悟，发现他其实一点也不起眼，当初是什么让你如此魂不守舍，愿意与他生死相许。

在公主王子的爱情童话中长大，无论是真正的公主，还是不

得不忍受残酷生活的灰姑娘，无论是真正的王子，还是那只丑陋不堪的青蛙，内心里多多少少都会装着一个王子或公主的美梦，期望在某一天、某一个地方，他或她会奇迹般地出现，拒绝所有的诱惑，冲破所有的障碍，独一无二地属于你，从此你们幸福地生活在一起，任何磨难也阻挡不了你们坚不可摧的爱。可现实生活不会如梦想一样完美，你们的爱可能脆弱得不堪一击。由于我们从小所接受的文化教育里，没有对爱的了解、对责任的重视，而是盲目的激情，这使得我们在遭遇爱情挫折时更不懂得该如何应对。

如果一生只爱一个人，人生会简单快乐许多，然而人生常常捉弄着我们，或许是你不再爱他了，或许是他不再爱你了，你们终究不能携手到老，或者不能快乐地携手到老。

第一次恋爱，你以为他就是你的终点，执子之手，与子偕老，从此过着幸福快乐的生活。第一次失恋，你以为自己永远不会再爱了，除了他，这个世界上不会再有人那么爱你，你也不会再爱上别人。然而，时间改变了一切，你很快又重新获得了新的爱情，甚至你会发现，你可以同时喜欢几个人，如果道德与法律允许，你或许会试图拥有全部。

尽管女人对待爱情要比男人专一，但女人也并非是绝对的专一。人类在爱情中的喜新厌旧与朝秦暮楚，是物种为了繁衍更多后代而占有更多繁衍对象的自然选择结果，哪怕理性上并不想繁衍那么多，身体的本能却依然有这种倾向。显然，以人类的理性来看，并不是每一次性需求都以繁衍为目的，很多时候仅仅是身体本能的需求。

当然，性本能也不全是寻求尽可能多的繁衍对象，很多鸟类终生只有一个伴侣。例如《诗经》里的第一首诗《周南·关雎》里就写道："关关雎鸠，在河之洲。窈窕淑女，君子好逑。"雎鸠，古人称作贞鸟，雌雄有固定的配偶，找了一个伴侣之后，终生不换，所以常用来作为爱情忠贞的象征。一个物种在性本能上是否终生忠于同一伴侣是自然选择的结果，服务于物种繁衍后代的需要，而不是人类精神文明范畴的爱情，多数物种不是终生忠于同一伴侣的。

两性的情欲起源于物种繁衍，这种本能驱使动物去寻求更多的繁衍对象，人同样如此。人之所以节制，是因为受到法律与道德的制约，以及受到自我文化修养的升华。如果没有法律、道德的约束与文化的影响，情欲倾向于选择更多的繁衍对象，与同一异性相处的时间越长，与其繁衍后代的边际效用递减，本能的愉悦程度也随之降低。不得不承认，人类的本能并非终生只爱一个人，我们颂扬爱情的坚贞，是为了维护稳定的社会与家庭关系，保护后代的成长以及防止疾病的蔓延。

　　各种法律制度告诉我们该做什么、不该做什么，当这种约束强化到人的意识形态中，人们就会倾向于按照制度的约束行事，当然理性也会控制人的某些感性的欲望。一夫一妻制的法制环境及对爱情忠贞的道德标准会让人们选择较少的繁衍对象，纵使人类内心里的确存有喜新厌旧、同时拥有多个异性的欲望，但法制与道德的底线使这种欲望得到了较大限度的控制。

　　很多时候，除了性的欲望，我们所说的爱情里还掺杂着很多物质、权力等方面的欲望，并非纯粹的爱，人类阶层与权力的变化、后天文化修养的变化等都要远远复杂于动物，这些也是导致很多人的爱情不能从一而终的重要原因。或许正是因为忠贞和专一得来不易，才会受到如此多的赞美与歌颂。恋爱甚至婚姻关系确定以后，同样需要努力去维系你们之间的关系，不可因此而以为这段关系理所当然地不会发生任何变故，倘若你的努力没能把这段关系维持下去，也要正视你们之间关系的解除，积极面对新的生活。

公主嫁了小矮人，王子娶了灰姑娘

等你眼睛一睁开，你就看见你的爱，为他担起相思债；山猫、豹子、大狗熊，野猪身上毛蓬蓬，等你醒来一看见，芳心可可为他恋。

——威廉·莎士比亚《仲夏夜之梦》

我们常常怀着美好的愿望，希望公主王子幸福地生活在一起，才子佳人无疑是我们认为最理想最般配的，也是无数才子和佳人梦寐以求的婚恋组合，千百年来，才子佳人的佳话也在人们口中经久不衰地流传着，令人向往。然而，我们在现实世界中看到的似乎并非如此，很多情侣或夫妻却往往在旁观者的眼里并不般配，人们难免觉得奇怪，有时甚至会感到愤愤不平，为什么这么普通平凡的人能拥有这么优秀的伴侣？

人们往往在找自己缺乏的东西，一个强大的人，因为自身的强大，往往不会执着于要找一个更强大的人去依附，过于优秀往往意味着在同龄人中很难找到对等的人，信息越不对称越是如此。

找寻合适的伴侣需要付出较多的时间成本，而优秀的人之所以优秀，往往是因为在追求学业与事业方面付出了很多的时间和汗水，没有时间与心思去寻找对等的伴侣。

不过优秀的人身边自然不缺追求者，通过锲而不舍地努力，总有那么一个瞬间能用某个举动打动他。没有一个人是无孔不入的，再强大的人也有某个脆弱的瞬间，再节制的人也有某个放松的瞬间，再严谨的人也有某种特别的喜好，这正是擅长于公关与销售的人所重点攻克的方面。因此，当优秀的人正在专心致志地追求事业、探索科学未知的时候，有人却正在专心地接近和打动他们，结果一心追求事业的人成就了最好的事业，一心追求另一半的人找到了最好的另一半。

一个节制的人会为偶尔的放纵而丧失理性，繁忙工作之余的小憩，你会更想去面对一只卖萌的零智商宠物，而不是一个智商超常的人，你会为那种简单的快乐而动心。不过，一旦理性回归，你就会发现终日守着一只宠物是何等无聊，长久的生活还是需要一个智力正常的人来陪伴。想要让一个放纵的人节制会很不容易，而只要找准适宜的时机、提供适宜的环境，让一个节制的人偶尔放纵一下却很容易，所以偶然的放纵，很可能就成就了既定的结局。不过，当热恋的感觉褪去之后，人们需要重新面对现实世界，难免重新评估恋爱对象的价值，但是在一夫一妻、婚姻永久有效的环境中，纵然心有不甘，也只能磨合适应。

强者往往比较有主见、有目标，各自都希望事情朝着自己判断的想要的方向发展，难免会因为意见相左而分道扬镳。由于自己在各方面的条件都过于优秀，往往也比较骄傲，不愿意放低姿态，不够主动，不能顺从，而自己身边有无数的追求者，唾手可得，结果两个强者彼此赌气，反倒轻而易举地各自成为别人的伴侣，仿佛真是造化弄人。这和工作有几分类似，尽管我们都希望强强联合，但还是存在着很多不得已的因素使强强联合无法进行下去。有时候，你成不了团队的核心成员不是因为你太差，而是因为你太强大，强大到威胁现有核心的地位。你们都不想依附别人，最终你们都成了被别人依附的人，不得不各自带着自己的伴侣，遥遥相望、彼此倾慕却不能在一起。除非你们都清醒意识到这一点，能彼此坦诚地做好沟通，愿意各自放下身段、退让一步，成全你们之间的美好。只可惜，有时你们根本没有意识到，或者等你们意识到时已经太晚，终究没能和内心真正想要的人在一起。

若真的喜欢对方，要学会积极成熟地处理你们之间的关系很重要，学会正确地向自己喜欢的人表达愿望、传递信息，学会拒绝自己不喜欢的人，不要让对方产生误会，在爱情面前请收好自己的骄傲。

即使两个优秀的般配的人走到了一起，婚姻中也要尽量共同成长，避免一方做出一味的牺牲，或者因为有另一方可供依附而放松进取，最终导致两人的差距越来越大，失去了共同语言，难以沟通交流。即使对方具有足够的爱心与责任心，做到了不离不弃，内心也难免有所缺憾。

爱在春花灿烂时

不可靠的美貌！正像这翻云覆雨的时世。

——威廉·莎士比亚《爱的徒劳》

　　男人都喜欢漂亮的女人，这一点无法否认，也不必否认，喜欢美的事物是理所当然的，做一个集才华与美貌一身的绝世美人固然很好，但很多时候，才华与美貌不能双全，这时在吸引异性方面，女人的美貌往往更容易占优势。美女没有才华相伴依然让人津津乐道，有才华的丑女却让人惋惜与遗憾。

　　外貌对于异性的吸引并不限于人类，其他物种也是如此。达尔文在《物种起源》里说，"很多种鸟类的雄性之间，存在着用歌喉去引诱雌鸟的最为剧烈的竞争。圭亚那的岩鹬、极乐鸟以及其它一些鸟类，往往会聚集一处，雄鸟在雌鸟面前轮番地展示其美丽的羽毛，并表演一些奇异的动作；而雌鸟则作为旁观者站立一旁，最后选择最具吸引力的伴侣。"人类的外貌、歌喉、舞蹈大概就类似于鸟类的羽毛、求偶时的叫声和展示美丽羽毛的奇怪动作，属于达尔文所说的性选择本能。

与外貌对异性的吸引相适应，物种处于繁衍期时往往是最美的。尽管不同的女性先天的外貌美丑不一，但对同一女性而言，处于繁衍期时往往是一生中最美丽最能吸引异性的时候，繁衍高峰期有最光泽的肌肤、最挺拔的姿态，这些都是借以吸引异性完成繁衍的重要条件。物种处于繁衍期时最美，这是性选择的结果，并非只有人类如此，其他物种也类似。年轻女人的美与鲜花绽放时的美丽与芳香类似，虫媒花往往花大且颜色鲜艳，有着芳香的气味和甜美的花蜜，这些特征都会起到招蜂引蝶的作用，使得它们可以通过昆虫将自己的花粉带到另一朵花上去，从而完成授粉，结出丰硕的果实。

《精子战争》中说，"如果让男性来选择，他们倾向于选择正值繁殖巅峰时期（20 岁到 35 岁之间）的女性。"《理想国》中说，"女人应该从 20 岁到 40 岁为国家抚养儿女，男人应当从过了跑步速度最快的年龄到 55 岁。"性意味着繁衍，年轻意味着更强的繁衍能力，因此男人从性本能上总是倾向于选择年轻的女性。女性在年轻貌美的时候可能会受到较高的追捧，但不要因此而认不清自己所处的境地，年轻时也是自己精力充沛有能力进取之时，不要因为可以轻而易举地得到别人提供的舒适环境而放松对自己内在提高的要求。徒有其表的空洞的灵魂，或许可以暂时依附异性获得一些生活资料，但是难以得到真正的欣赏与尊重。

年轻貌美纵然可以获得异性的追捧，但倘若处于男性的依附地位，就必然无法主宰自己的命运。中国古代四大美女西施、王昭君、貂蝉、杨玉环以"沉鱼落雁之容，闭月羞花之貌"获得人们的美誉，而真正了解她们故事的人却很少，更不要说结合历史背景、社会伦理进行思考了。人们只看到她们昙花一现的美，没有人真正关心她们的命运，而她们也没有能力改变自己的命运。

外貌是最容易随时间流逝的，靠外貌吸引男性显然是最不可靠的，女性有自己的才华，能独立自强地生活，才能平等地获得同样有才华的男性的尊重与爱。靠外貌吸引男性，无疑可以暂时依附于男性生存，然而只有自己有才华，才能拥有独立的人格，才能真正拥有爱的能力与资格。虽然人们第一反应是本能反应，外貌能迅速吸引到众多男性的关注，但在长期的相处或婚姻生活中，仅仅靠外貌是不够的，还需要女性的智慧与才华去维持。先天的容貌是我们无法改变的，对同一人而言，你的努力可以让你的内在变得更优秀，因而更具有吸引力。

不同的人有不同的需求，更接近本能的人会注重生存与繁衍，而文化修养较高的人会注重精神交流。在精神方面，需要两个人层次相近才能对等交流，在其他方面，差异才是促成交易的因素。人们内心最想要的往往是自己认为最缺乏的，所以想不劳而获的懒惰的人会期望通过婚姻致富，有钱但精神需求不高的人希望用金钱换来年轻貌美的恋人。虽然影响婚姻稳定的因素有很多，但人们往往会权衡利弊，双方差距越小、各方面条件越对等的婚姻往往越稳定，倘若随着时间的推移差距不断扩大，婚姻就容易破裂。靠勤奋与知识获得的强大可以随着时间的推移而日益增强，而美貌的力量会随着时间的推移日益衰减，所以郎才女貌的组合也会隐藏着很多危机。如果不能不断地丰富完善自己的内心，提高自己的文化修养，仅靠美貌去吸引异性而得到的爱情是非常不稳定的，学识、文化、才华、智慧、道德教养等因素能使生活中的相处更为愉悦，使爱情的时间延续更久。

倘若在长久的婚姻生活中日益懒惰，不注意自身的成长，爱情必然难以继续。试想一下，一个终日无所事事、外形邋遢、内在空虚、懒惰不肯付出的人，凭什么要求对方爱你一生一世？没错，年轻的时候你可能也无所事事，也懒惰不求上进，他娶了你，他答应养你一辈子，但随着岁月流逝，你除了容颜老去，其他一切都没变，你还有什么资格要求别人爱你呢？如果你是一个全社会都想抛弃的人，那个娶了你的男人却要一辈子视你如珍宝，他得需要有多大的勇气才能承担起这样的责任呢？同样，一个男人终日沉迷于赌博游戏、好逸恶劳，既没有社会责任感，也没有家庭责任心，你凭什么认为一个女人就应该死心塌地跟随你一辈子呢？

若有一天红颜老去

> 造物主给你美貌，也给你美好的德性；没有德性的美貌，是转瞬即逝的；可是因为在你的美貌之中，有一颗美好的灵魂，所以你的美貌是永存的。芝兰不曾因为枯萎而失去了芬芳。
>
> ——威廉·莎士比亚《一报还一报》

一对年轻的男女经历恋爱进入婚姻，随着时间的流逝，双方必然都会逐渐衰老，然而男人的衰老对于性吸引力的影响要明显低于女人，女人一旦青春不再，就很容易成为性选择中被遗弃的对象。随着年龄的增长，男人的财富、地位、学识都可以成为提高吸引力的重要因素，而女人却并非如此，财富、地位、学识对女人提高吸引力的帮助要少得多，年轻依然是很重要的吸引力因素。

我们经常听到郎才女貌、英雄配美人之类的说法，社会对男人的审美显然更注重于强大，而对女人的审美显然更注重于外貌。在人类文明的早期，物质产品不够丰富，生产技术落后，生存主要靠体力，在长期的分工中，女人承担繁衍后代的责任，男人承担生存竞争的责任，这已经成为自然选择的结果。

男人要承担生存竞争的责任，需要养家糊口，提供对女性繁衍期间的保护，因此女人在本能上会倾向于强大的有保护能力的男性。强大是性选择的重要条件之一，男性的强大是女性进行性选择时优先考虑的重要因素，也希望通过繁衍遗传到后代身上优良的基因。人类的这一特征与其他动物是类似的，是在长期的生存竞争中自然选择的结果，这一倾向并不需要经过太多思考，本能即可做出这样的选择。达尔文在《物种起源》一书中指出，"在不断反复发生的生存斗争中，保存被青睐的个体或族群，从中我们看到了一种有力的并总是在发生着作用的选择方式。所有的生物皆依照几何级数在高速的繁增，因此生存斗争是不可避免的……至于雌雄异体的动物，在大多情形下，雄性之间为了占有雌性，就会发生斗争。最刚健的雄性，或在与生活条件的斗争中最成功的雄性，一般会留下最多的后代。但是成功常常取决于雄性具有特别的武器或防御手段，抑或靠其魅力，哪怕是最轻微的优势，便会导向胜利。"不过，现代人基本上不需要像动物一样厮杀，体力的强弱虽然重要，但不是决定人类是否强大的主要因素，人类还要依靠勤劳、智慧等去实现强大。

貌美也是性选择的重要因素之一，是一种在繁衍中被选择的优良基因，动物是如此，人类也是如此，男人是如此，女人也是如此。男人喜欢美貌的女人，女人同样喜欢美男子，其他条件同等时，貌美自然是有优势的。美貌与年轻往往是相伴的，尽管不同女性容貌美丑程度不同，但对每一个女人而言，年轻的时候是这个女人最美的时候。

貌美和强大都是性选择的重要因素，两者不可兼得时，不同的人会做出不同的选择，尽管女人会更倾向于选择强大的男人，但如果一个女人足够强大，可以不依赖男人的生存保护，就会更看重情感精神交流、貌美等其他因素；如果一个女人在物质上非常需要对男人的依附，自然就会放弃其他的条件，而重点关注男人的经济、权力等。由于财富需要一定的时间去积累，权力、地位也需要一定的时间去巩固，总的来说，年长的男性自然比年轻的男性更有经济能力和社会地位，因此一些年轻貌美又懒惰不愿奋斗的女人，会希望依附于富有的老年男人，甚至用身体换取财富。

在《金赛性学报告》中，阿尔弗雷德·C.金赛根据婚外性关系发生率等统计数据得出结论："在刚结婚时，底层男人一般不重视对妻子的忠诚，而高层男人则重视得多，底层男人用35年至40年的时间才做到上层人初婚时那样的忠诚，而上层人用了35年至40年的时间达到底层男人初婚时那样的自由。"笔者认为，之所以出现这样的情况，主要是因为底层男人除了年轻没有其他资本吸引异性，所以底层男人进入老年后想不忠诚都难，而高层男人老了以后还有财富与权势可以轻易吸引到一些底层的年轻女人，所以高层老年男人想不忠诚很容易。

社会对于男女相处也有一种世俗的偏见，能接受一个年龄显著偏大的男人与比他年轻很多的女人恋爱，却很难接受一个年龄明显偏大的女人与比她年轻很多的男人恋爱。这种偏见也是服务于繁衍目的的，因为男人的繁衍能力可以延续更长时间，而女人一旦过了更年期，就基本丧失了繁衍能力。正因为男人的繁衍期长于女人，男人比女人年长不影响繁衍，所以社会也就能够接受。与之相反，即便较为年长的优秀女性不需要依附男人的强大，与较为年轻的男性结合的可能性也不大。

人们的第一感觉往往更多的是出于本能，才华对于性的吸引需要超越本能，动物原始的本能的欲望并不包括后天的文化修养，因而女性外在的表面因素更容易吸引男性，而对内在才华的欣赏需要具有同样文化修养的男性才能做到。当然，随着文化修养的提高，优秀的男性对女人的欣赏不再仅限于外貌，更懂得欣赏女性的聪明智慧，也渴望与女性有情感精神上的交流。此外，随着社会的发展和进步，性不再占据人们生活的大部分内容，女人更多地承担社会责任，已不仅仅局限于繁衍，女性经济与社会地位也不断提高，对于女人的评价标准也在发生改变，世俗的偏见也在不断被打破。

然而，不得不承认，一个特别优秀的女人也有可能被男人抛弃，你只有能力决定你自己的行为，没有能力决定别人的行为，无论你多么努力地付出，男人都有可能循着自己的本能欲望弃你而去，对你的付出视若无睹。只有独立自强，才有能力主宰自己的幸福。女性作为一个社会人，本身有自己独立的社会价值，并非要依附于男性而存在，拥有现代精神文明的人类有别于动物，性并非生活的全部，甚至可以说不是必需品。独身生活的行业精英不在少数，独立自强永远是优秀女性的必备条件，不能为了迎合男性而丧失了自己的个性与灵魂。

当法国天才女雕塑家卡米耶·克洛岱尔刚遇见法国雕塑大师奥古斯特·罗丹时，她既年轻貌美又才华横溢，然而当时的罗丹已经有一个未婚同居的缝纫女工罗丝·贝莉，并且共同生育了一个孩子，尽管如此，克洛岱尔还是不顾一切地与罗丹坠入了爱河。遗憾的是，罗丹却始终周旋于两个女人之间，无论与克洛岱尔如何激情燃烧，依然常常会回到那个缝纫女工的身边。克洛岱尔在这段感情中纠缠了十多年，把自己折磨得疲惫不堪，用自己前半生的时间和一个缝纫女工争夺同一个男人，而后半生却只能在精神病院里度过，她的艺术生命从进入精神病院那一刻起就已经彻底死亡了。年轻貌美又如何，才华横溢又如何，当需要和一个缝纫女工去争夺并共享同一个男人时，她就已经卑微得不如一个缝纫女工了，她所有的清高与骄傲都被践踏得破碎不堪。当岁月流逝，克洛岱尔容颜老去，罗丹与贝莉重新回归正常的夫妻生活，对无望地守候了半生的克洛岱尔而言，更是沉重的打击。四十岁后的克洛岱尔尽管彻底离开了罗丹独立生活，却始终无法摆脱那段感情带给她的巨大阴影与痛苦，最终因为精神分裂症被强制关入了精神病院。罗丹在贝莉临终前给了她一个迟到的婚礼，而克洛岱尔把青春、激情、艺术灵感毫无保留地献给了他，却只能在精神病院冰冷的围墙里孤独地度过余生。对于一个才华横溢的天才雕塑家而言，在精神病院里荒废的三十余年光阴是多么令人心痛。爱你的男人不需要抢，他只属于你，不爱你的男人不值得抢，他根本不懂你的价值。虽然进入婚姻的人未必都有爱情，但在一夫一妻制的婚姻环境里，一个只想和你发生性关系却不想和你遵守婚姻规则的男人肯定是不爱你的，因为他不曾考虑你的感受，不曾想过要陪伴和守护你，即便你年轻貌美、才华横溢也不要高估了自己的魅力。在你的生活里，你才是主角，你应该决定自己的人生路怎么走，而不是由别人来左右你的方向，你的爱和付出应该给值得你去爱与付出的人。如果克洛岱尔能勇敢地早日摆脱那种不正常的感情关系，积极调整好自己的心态，以她天才的艺术思想与灵巧的双手完全可以经营好自己的人生。

　　我们没有能力扭转岁月的脚步，但我们可以让自己在时光的流逝中积累沉淀，除了繁衍，人一生中有很多有价值有意义的事情值得去做。可能你年轻的时候没有足够的才华与能力去实现，当你的积累与沉淀达到一定层次，你就有能力去完成这些未竟的梦想。当你有能力用自己的付出让这个世界变得更美好，你就会对自己的生活充满信心，就能在岁月的流逝中变得优雅与从容。只要我们积极地面对每一天的生活，我们就有能力去获得快乐和幸福，用你的才华与智慧使皱纹变得美丽，使人生的每一个阶段都绽放出不同的美。只有你的人生足够精彩，才会有人愿意与你同行。

爱的路途为何如此艰辛

求婚、结婚和后悔，就像是苏格兰急舞、慢步舞和五步舞一样：开始求婚的时候，正像苏格兰急舞一样狂热，迅速而充满幻想；到了结婚的时候，循规蹈矩的，正像慢步舞一样，拘泥着仪式和虚文；于是接着来了后悔，拖着疲乏的脚腿，开始跳起五步舞来，愈跳愈快，一直跳到精疲力尽，倒在坟墓里为止。

——威廉·莎士比亚《无事生非》

在我们的日常生活中，情爱有三个层次：本能、心灵、理性，通常对应着性、爱情、婚姻，本能、心灵、理性完美地结合在一个人身上而进入婚姻自然是最理想的选择，而很多时候，生活并不像我们想象中如此完美。尤其是进入婚姻的时间长了以后，可能有很多因素改变着我们的本能与心灵的方向，如何经营婚姻成了沉重的话题。

很久以前，人们是贫穷的，家是较为稳定的，庞大的家族生活在同一个屋檐下，一夫一妻制环境下每一个人一生基本上只有一个发生性关系的对象，在婚姻中相伴终生，很少有离婚。现代社会的物质生活越来越丰富，然而婚姻却越来越不稳定。

木心先生的《从前慢》让人触动心弦、让人心驰神往，"从前的日色变得慢；车、马、邮件都慢；一生只够爱一个人。"可见，我们内心深处渴望着有那么一段爱情，真的可以地老天荒，可以生死相随，可是有些时候，不仅对方爱不下去了，连我们自己也无力将爱进行到底。

生活中有很多种社会关系，比如雇佣关系、朋友关系、恋人关系、同学关系、师生关系等，这些关系的存在取决于双方的供求，老板需要雇佣员工的劳动，员工需要用劳动换取老板发放的薪水；老师通过传授知识取得收入，学生支付学费获得知识，如此等等。婚姻关系同样是一种供求关系，取决于婚姻双方想从这段关系中得到什么和能在这段关系中提供什么，比如共同的孩子或事业、共同的兴趣爱好与价值观、物质与权力的依附、性本能的满足等。婚姻结合之初这种供求关系在双方看来是均衡的，可是一旦婚姻结合所依赖的因素发生较大的改变，这种供求关系被打破，婚姻也就难以持续。

依赖于某种因素结合的婚姻，其稳定性依赖于这种结合因素的稳定性。性本能自然是婚姻关系存续的重要因素，对于男人尤其是如此，当一个男人对一个女人有极大的兴趣时，这个男人往往愿意舍弃很多其他有利因素，与这个女人结合。同样，假如一个没有独立经济能力的女子，为取得经济上的支持而与男子结婚，那么只要这种经济上的依附地位不变，这个女子对男方的依赖关系就是稳定的，从而可以保证婚姻关系的稳定。当然，倘若男子的经济地位发生了变化，没有能力再供养这个女子，那么女子就有可能去寻找另外的经济支持。同样，如果男人对这个女人的兴趣下降，也有可能寻找其他更有兴趣的女人。共同抚养孩子也是使婚姻关系稳定的重要因素，双方都愿意对共同的孩子付出爱，使得双方在很多方面能达成共识和一致的意见。

在经济发展较缓，社会较为稳定的阶段，婚姻的依附关系更为稳定，夫妻双方的地位在整个婚姻存续过程中发生的变化不大。而在社会发展变化较快的阶段，双方的地位可能在较短的时间内相差悬殊，从而对婚姻关系造成冲击，原有导致婚姻结合的重要条件丧失，也会使婚姻出现危机。现代社会科学技术迅猛发展，人们接触的信息量大大增加，勤奋进取与懒惰安逸者所获得的知识量的差异也越来越大，交流越来越困难。另外，在经济欠发达阶段，老人的赡养、孩子的抚养都需要一家人共同完成，失去一方后可能面临较大的困难，而经济发达之后，很多事情依靠自己和社会机构就能完成，并不一定需要依赖对方，家庭成员间在物质生活上的依赖关系渐渐变得不再重要。

过去，女性在婚姻中的稳定与专一部分原因是女性在经济上处于从属地位，她们对男人有一种依赖，无论是经济上还是生活上，因此一旦结了婚，就会死心塌地跟着男人过一辈子。随着社会的发展进步，女性从家庭走入社会后，自身也具有了独立的经济能力，在经济、生活上逐渐获得独立，精神上同时也取得了独立，不需要依附于男人而存在，单身生活的可能性大大提高。

社会发展带来了环境变化和更广泛的交流，使得婚姻中少了曾经的稳定对等交易，少了爱情的盲目，却没有增加一种共同信仰的文化，以应对婚姻中面临的困难。婚姻有很强的交易特征，迅猛发展的环境使得交易的平衡关系不断被打破，双方经常随着时间的推移而出现经济、社会地位和文化水平等方面的差异。如果没有一种广泛的强大的文化让大家能继续坚守稳定的配偶关系，人们的心就是游移的、找不到归宿的，就像水面的浮萍，随波逐流。寻求繁衍是本能反应，寻求安定与安全感也是一种本能反应，当获得食物满足生存已经不再困难，当性的需求越来越容易得到满足，但人们的心里并不快乐，因为心没有了归宿，寻求安定的本能没有得到满足。如圣 - 埃克苏佩里的《小王子》里那朵沙漠里的花所说："人没有根，这使他们很苦恼。"

　　道德责任是维系婚姻的很重要的因素，不同社会阶段，道德责任观的变化也会导致婚姻的可持续时间发生变化。当人们道德责任观念较强的时候，愿意放弃一些自己的享受，为对方付出；如果道德责任观念淡薄，势必会出现遗弃行为。

　　当圣－埃克苏佩里笔下的小王子第一次到达玫瑰园，发现他拥有的只不过是一朵普通的玫瑰花时，他哭了。以前，人们接触到的人和事有限，知识也有限，盲目的爱情也足以维持长久的婚姻。当社会不断发展，人们的认知发生了变化，遇到新的更有吸引力的异性，忽然发现自己拥有的不是世界上独一无二的玫瑰花时，难免无所适从，倘若没有一种文化让他有坚守的信念，必然是痛苦的、想寻求解脱的。

　　现代社会人们的生活节奏越来越快，很多人在闪婚的过程中来不及对内心思想进行足够的了解，仅仅注重外在因素的匹配，而外在因素往往是最易变的，比如容颜的衰老、财富地位的改变等，这些婚姻所依赖的外在因素一旦改变，婚姻就失去了存续的基础。能长久地维系感情的往往是文化因素，比如共同的经历与回忆、精神文明的修养带来的灵魂交流等。选择婚姻时应慎重，避免仅仅因为本能、物质交易等因素而结合，如此结合的婚姻，自然也会因为本能的喜新厌旧、物质财富的改变而产生裂缝。

　　婚姻不是一个人的事，是两个人的事，需要依靠共同的经营去维系，努力改善自己，也努力帮助对方进步，使你们的婚姻可以走得更远。

爱的誓言究竟哪里出了错

我并不是要压住您的爱情的烈焰，可是这把火不能够
让它燃烧得过于炽盛，那是会把理智的藩篱完全烧去的。

——威廉·莎士比亚《维洛那二绅士》

爱情忠贞的道德标准与现行婚姻默认的永久性是一致的，虽然我们崇尚忠贞的爱情，但现实生活中常常有感情的背叛；尽管我们希望婚姻能永久，但离异、分居的夫妻不在少数。当我们用美好的愿望强行把两个既无法忠贞也无法永久的人捆绑在一起，并要求他们忠贞与永久，这并不能带来快乐，也不能带来社会稳定。事实上，婚姻中的财产纠纷与人身伤害并不罕见，这大大损害了人们的身心健康，降低了社会效率。

尽管我们渴望真挚的爱情，但是爱情不是来自于一个人，而是来自于两个人。爱情应该是出自两个善良、正直、有责任心的人的理性的美好感情，纯粹的爱情不是常人所具有的，多数情况下都不同程度地掺杂了情欲、物欲、权欲等一些私欲，我们常常

把欲望错误理解为爱情，给众多以爱为名义的欺骗提供了机会。现代社会有些人所谓的爱情只是欲望的交易，一个人愿意花多少时间、多大代价去享用，这取决于喜欢程度及消费能力，喜欢程度与消费能力随时都有可能发生变化，这就对爱情的忠贞与婚姻的永久提出了挑战。

婚姻契约越不明确，婚姻中的纠纷就会越多，当代社会靠各项规章制度的制定与执行来维持秩序稳定，其实婚姻也可以如此。从某一个角度讲，明确的契约关系有利于双方履行各自的义务，做到真正的自愿平等，让不道德的人无机可乘，更易获得长久的幸福。不过，婚姻的契约化有别于完全的性自由，即使可以保证子女的抚养责任和女性繁衍期间的保护，完全的性自由也并不可取，这容易导致性疾病的蔓延传播，产生很多利用性交易机会进行的犯罪行为。

很多人喜欢用"婚姻不是讲理的地方、不是分对错的地方、不是分你我的地方"之类的话来回避现实、伪装美好，这些话都有道理，但只有在制度完善的情况下才能很好地发挥作用。爱情与婚姻需要付出，正如我们在社会责任中强调付出一样，但这种付出是自觉的、高尚的，倘若有不自觉不高尚的人，我们就需要道德和制度来惩恶扬善，让社会更健康。良好的制度同时有利于塑造人们的价值观，让人们自觉遵守。制度越完善，社会越和谐，制度越不规范，越会有人试图钻规则的空子获取不当之利，良好的制度是文明社会的重要标志。如柏拉图在《理想国》一书中所讨论的，"一个真正有力量作恶的人绝不会愿意和别人订什么契约，答应既不害人也不受害。"契约主要是保护弱者或道德一方的利益，制约有违约动机的人。明确的契约关系有利于双方履行各自的义务，对婚姻有正确的理性的预期，订立明确的契约也有利于契约双方谨慎行事，杜绝不正当的目的，从而有利于契约的顺利执行。具有极高道德的人永远都是少数，对大多数人而言，契约是解决婚姻纠纷的重要手段，也利于将更多阴影下的情欲置于阳光之下加以监管。

经济合同、劳动合同均有完备的法律条款，而如果在婚姻契约中提到法律条款却会让人不快；诚实守信是契约订立与执行的前提，经济合同、劳动合同均有相应的调查取证，而最贴近个人生命与财产安全、一生中历时最长久的婚姻契约谈到取证时却总会让人无法接受。伪造的身份、整容的外表、隐瞒的病情算不算欺诈呢？试想一下，当你购买一套房产时，都要调查一下是否有抵押，产权是否明晰，而在你将要和一个人进入永久的婚姻生活，同床共枕、财产共有、共同生儿育女时，你竟然不需要知道他经历了几次婚姻、生育过几个孩子、有没有违法犯罪记录、有没有吸毒赌博借高利贷，并且欺骗你却不需要承担任何违约责任，用爱情来解释一切岂不可笑？当人们把婚恋不幸的罪责统统归咎于爱情的时候，却严重地忽视了人性的私欲与贪念。近年来，婚介市场的种种乱象让人们不寒而栗，借助恋爱关系骗取财物，甚至敲诈勒索、侵犯人身权利者屡屡得手，严重扰乱了社会秩序与人们正常的生活。

在现有社会环境下，除了法律的约束，婚姻的契约更多的是依靠双方的信用来进行交易，而且基本都是口头诺言，是否信守诺言，大多数时候只能靠道德来约束。婚姻的契约对大多数人来说，是一生中最长的一份契约，契约订立时双方的非理性，以及契约订立后漫长的执行过程，各种预想不到的情况都会发生，这种尚不构成法律证据的口头诺言的约束力可想而知，这就给了一些不道德的人可乘之机，容易导致契约双方的纠纷与相互伤害，形成众多婚姻悲剧。

恋爱中的盲目容易导致选择失误，在开始恋爱前我们就要理性地充分地了解对方，必要时可以进行调查取证，确定这个人是否真正值得去爱。即使不谈爱，谈交易或合作，至少也应该是一个诚实守信的交易和合作伙伴，而不是一个骗子。本能的巨大力量使我们出现了"情人眼里出西施"的错误判断，尤其是进入热恋期后，本能驱使我们把繁衍视为人生中最重要的事，因而大大忽略道德文化、生存竞争等其他因素，甚至忽略亲情、友情等，极大地放大了恋爱对象的价值，无法对其做出客观评价。因此，在我们投入一段感情之前，我们需要在自己的理智尚未丧失时做出理性的判断，不要轻易投入到一段感情中。很多恋爱中的男女都会失去理智，容易感情用事，无法客观公正地对恋爱对象做出评价，过度袒护对方，完全听不进亲人朋友的任何意见或建议。旁观者看得异常清楚，而恋爱中的男女却陷在其中无法自拔。

越是监管不健全的地方，越是犯罪活动猖獗的地方。在爱情的巨大光环下，我们一直认为爱得越盲目、越糊涂、越毫无保留，越能证明是真爱，所以婚姻中的监管始终是最空白的，善良的爱情很容易被别有用心的人利用。

CHAPTER 7

我还在，你还爱

> 睁开双眼就能看到你的影子，
> 那一种蓝是你穿过的蓝，
> 那一条街道是你常常路过的街道。
> 我不知道，若不曾遇见你，
> 这个世界将会多么苍白。
> 因为有你，落日才会美丽，
> 长夜才会不孤寂。

你的爱在我身体里延续

> 万物受过滋润灌溉，就会丰盛饱满，种子播了下去，
> 一到开花的季节，荒芜的土地上就会变成万卉争荣。
>
> ——威廉·莎士比亚《一报还一报》

倘若不是理性地选择决定不生育后代，两性激情最狂热的时候必然想和对方有爱情的结晶，这是物种繁衍的本能。在经济不够发达与社会动荡的时期，人口数量是决定家族势力的重要因素，在传统的中国文化里，传宗接代是人生中几乎最重要的事。在古代，家族的老者或家长具有至高无上的权威，控制子孙让他们早早劳动，为家族创造利益以及为自己养老，却极少思考后代年轻时的教育、成年后的个人发展，以及整个人生过程中的幸福，只是认为生育更多的孩子，可以使自己的权威得到扩张。经济和科技不够发达时，大量的劳动需要用体力去完成，由于男子在体力劳动方面的优势，重男轻女的思想也就比较严重。

经济发展到一定阶段以后，人们的生存竞争不再主要依靠人

口数量与体力，而是靠人口质量与智力，很多初级工作可以依靠现代化的工业去完成，很多家务劳动可以依托社会机构完成，个体自身的独立能力增强，不再依赖于家庭成员的照顾。

经济发达时，知识技术更先进、精神文化生活更丰富，人们将更多的时间与精力转移到工作和精神生活中，从动物本能的生活状态中脱离出来，性活动减少，分配给生育的时间也减少，同时由于更加注重孩子的教育，抚养孩子需要花费的时间增加，所以会积极采取避孕措施，使得生育后代的数量减少了。

精神文明越高，脱离生存与繁衍的本能越远。历史上很多卓越的人都不曾婚育，例如亚当·斯密、诺贝尔、牛顿等，他们用毕生的精力促进了人类的福祉。从全球各国的人口生育情况来看，发达国家的生育率要明显低于发展中国家。如果沿用《物种起源》中以成功繁衍数量的多少来判断物种生存竞争的成败的话，那精神文明越高却反而越有可能成为生存竞争的失败者。

农村妇女往往会比城市白领生育更多的孩子，除了生育意愿的因素之外，较强的生育能力也是重要原因。农村妇女们从事着田间劳作或者各种体力劳动，怀孕生子似乎是件很容易很自然的事，从来不需要刻意备孕，即使怀孕了也照样干着体力活，而不用担心流产之类的问题。再看看很多城市白领，她们常常刻意备孕，还时不时地求助于现代医学技术，但仍有不孕不育的情况。

怀孕期间有些城市白领甚至需要卧床休息，连日常生活都需要人照顾；哺乳期往往没有充足的奶水，孩子经常要依赖奶粉喂养。

越接近动物的生活方式，越有利于本能的正常发挥，自然也有利于性本能与繁衍功能的发挥，城市白领的工作、生活方式使得其在较大程度上脱离了动物的本能，因而不利于繁衍能力的提高。当人们更多地使用脑力时，人们的体力就大大退化了，所以书生往往是偏文弱的，知识分子往往是偏清瘦的。很显然，如果不使用智力与工具，人类相对于很多动物已经脆弱得不堪一击，倘若让人类重回原始森林，恐怕没有多少人能存活下来。思虑会抑制很多本能的倾向，当你在进行大量的脑力劳动时，你的食欲就会大大下降，同样你的性欲也会大大下降。获得饮食而生存，获得性而繁衍，生存与繁衍是人类最基本的两项本能，而这两项基本的本能却因为现代人类精神文明的发展受到了抑制。

人类的知识技能与精神文明修养都是通过后天习得的，这一习得的过程也是以损失本能的时间为代价的。达尔文在《物种起源》中指出，器官如果不经常使用就会发生退化。城市白领受教育的时间往往更长，生育往往更晚，性欲往往受到抑制。不仅城市白领中的女人生育功能降低，城市白领中的男人精子活跃度也有所降低，这使得城市白领更不易受孕生育。《金赛性学报告》的调查数据显示，大学文化以上的男性人群其性释放频率要远远低于大学文化以下的群体。

《物种起源》认为越弱小的动物繁衍能力越强，因为对后代的保护能力越差，为了保证后代的繁衍延续，就需要繁殖较多的后代，即便有较高的死亡率，也能使物种可以延续下去。或许我们可以这样认为，人类越强大，繁衍能力越低，因为对后代的保护能力强，甚至对自身的保护能力也很强，可以不需要后代。在繁衍能力上，人类也已经远远落后于低等动物，一胎通常只能生育一个孩子，生育过程还要依赖现代医学技术，动物都能自行完成生育，更不要说繁殖能力异常强大的昆虫等动物了。

愿你自由地飞翔

慷慨知名的科菲多亚王看中了下贱污秽的丐女齐妮罗芳，国王战胜了丐女，国王胜利了，俘虏因此而富有了。我就是国王，比喻上是这样的，你就是丐女，你的卑贱可以证明。我应该命令你爱我吗？我可以。我应该强迫你爱我吗？我能够。我应该请求你爱我吗？我愿意。你的褴褛将要换到什么？锦衣。你的灰尘将要换到什么？富贵。你自己将要换到什么？我。

——威廉·莎士比亚《爱的徒劳》

究竟什么是爱，如何才能正确地去表达爱？无论是父母对子女，还是恋人之间，不恰当的爱不仅不能帮助对方，反而会带来危害。长久以来，我们都误认为爱应该是毫无保留地给予，否则就是不够爱。我们把慈善简单理解为施舍，把爱他简单理解为养他，使得不劳而获的种子恣意生长蔓延。

试想一下，你养了一个孩子，如果你爱他，你一定会教育他，让他学会独立生活，学习各种生存本领，而不是如养宠物一般养着他，哪怕你给他最充足的食物与水、陪他玩耍也是不够的。如果孩子未成年，你会理所当然地花钱提供给他一切生活所需，如果孩子成年了，并且已经完成学业走上社会，他不去工作，每天在家无所事事等着你供养，即使你有足够的经济能力，你会愿意养他吗？我想正常的父母都会劝孩子去工作，而不会对孩子说，我的钱够你花一辈子，你想怎么玩就怎么玩。当然，如果他遇到了一时的困难，比如疾病、失业等，你也会尽力帮助他，但父母不会愿意养孩子一辈子，都希望孩子可以依靠自己的劳动创造自己的生活。

每个人在社会中都是独立的个体，只要你不是未成年的孩子或者失去劳动能力的老人或者高度残疾的人，就应该自立自强，用勤劳的双手创造自己的生活。一个有劳动能力的人不劳动与一个失去劳动能力的人不劳动有本质的区别，前者是应该受到谴责的，后者是需要救济的。

慈善不是用钱养一群游手好闲没有感恩之心的人，而是尽可能让每个人都可以依靠自己的劳动来养活自己。慈善最首要的是保护这个社会的公平与公正，让每个依靠自己的劳动为社会创造价值的人能获得自己应该获得的财富，尽量让每个人具备用自己的劳动为社会创造价值的能力。长远看，慈善不应违背按劳分配的市场原则，然而一个人存在于这个社会就必然需要占用社会资源，慈善是在需要的时候提供就业机会、学习机会、医疗机会，使这个人尽可能对社会有用。如果是你亲手毁了按劳分配的价值观，就不要怪你施舍的那个人没有感恩之心，他不仅不会有感恩之心，还会希望不劳而获地得到更多。按劳分配的价值观不应该被摧毁，即使在婚姻中同样如此，大量的婚姻纠纷并不仅仅是感情纠葛，很大一部分牵涉到财产因素，有些人试图不劳而获侵占对方利益。

有些人总想着可以找个人依附，自己可以不用劳动，过着安逸的生活，本质上就是希望不劳而获。尽管也有部分男人在经济上依附于女性，但女性依附于男性的更为常见，她们没有自己的职业，彻底脱离社会，由男人完全承担家庭经济支出。当然，不同的家庭有着不同的特殊情况，比如老人病卧在床、小孩年幼无人看管等需要一方做出牺牲从事专职的照顾等。但是，也有些女人带着找个男人依附的想法，干什么工作都嫌累，觉得不如找个男人养自己。

如果一个人完全不想付出劳动，让你养他，不可能是真的爱你，因为他一开始就带着不劳而获的目的，更希望的是得到物质上的依附，如果有一天有一个能在物质上给他更大满足的人，他会迅速选择离开你。一个真正爱你的人是不会让你养他的，不忍心看你一个人辛苦，会情愿帮你分担一些责任。如果你每天早出晚归地辛苦劳作，他心安理得地花着你的钱，每天睡觉消遣购物，这显然不是一种健康的关系。一个物质独立的人才有能力给出完整的非功利的爱，才能真正懂得欣赏和尊重。包养女人的男人，类似于饲养宠物，出于自己的欲望而养，被男人包养的女人，提供的是性服务的价值，以性交易换取物质的满足。

未成年的孩子是需要抚养教育的、孕育与生育期的女人是应该得到照顾的、突遭贫病的人是应该得到救济的，然而，我们最终结局不是让一个孩子永远依附于父母、让一个妻子（丈夫）永远依附于丈夫（妻子）、让一个流浪汉永远依附于社会。正是因为我们不当的善使得不劳而获的欲望一点点膨胀，直到最终无法遏制，被养的人试图用欺骗与要挟，甚至用暴力夺取曾经养他的人的财富，甚至将后者置之于死地来快速获得自身不劳而获的最大利益。如果你爱他，请不要让他在舒适的温室里失去了独自吸收阳光雨露的能力。共同的成长，彼此的欣赏与尊重，才能让爱情走得更远。

我们希望每个走进婚姻的人都带着良好的初衷，但不可避免地有很多人利欲熏心，一开始就带着不良动机，婚后一切财产未经约定即归为共同财产的制度，也会给很多不劳而获者带来可乘之机。所以，即使在爱情与婚姻中，也不应该形成理所当然的抚养关系，否则你所养的那个人有一天也许会因为你不再养他而心生仇恨，为自己没有生存能力，看不到人生的希望而走向极端。

尽管我国婚姻法规定婚姻财产的分配可以双方约定，但未经约定或约定不明的则适用于共有财产制要求，婚后财产共同共有，夫妻享有相同的份额。绝大多数人对签订婚姻财产协议不能接受，这使得婚姻关系一旦不能存续，在婚姻财产的分配上可能出现很大的不公平性与纠纷，一些人绞尽脑汁、用尽各种不道德的手段来骗取一场有利可图的婚姻。

女性由于自身的生理特殊性，在婚姻中的地位相对弱势，比如因为怀孕、生育等原因会损失职业竞争的优势，降低生存竞争能力等。有些国家的法律规定离婚时丈夫应支付妻子一定的赡养费，主要也是为了保护女性的弱势地位。还有一些国家的法律规定由国家来承担女性孕育、抚养孩子的费用，使女性能得到最基本的保障。这种保障应以满足基本生活为主，平衡男性与女性之间的关系，而不应作过度的补偿，过度的补偿不利于女性自身的成长。当然，完全不予保护显然也不符合法律的公平标准，不利于女性的健康和后代的孕育成长。同样的道理，完全不要求男性承担责任会不利于男性的成长，明确男性在女性孕育与子女抚养中的责任有利于男性的强大，使得雄性的特征更为突出。国内法律在这方面缺少明确的保护规定，这容易使得男性没有家庭责任心与社会责任心，部分女性因此不愿进入婚姻。一些男性工作中不思进取，生活中游手好闲，对于后代没有抚养责任与抚养能力，这显然不利于社会发展。

有些国家的婚姻制度没有很好地体现按劳分配价值观，以及对于女性弱势地位缺乏保护，使得这些国家中女人的两大极端阵营得以壮大。一大阵营通过自身的强大来达到自我保护，这类女人是极端独立自强的女人，从不依附男人甚至可以抚养男人，她们全凭自己的勤奋和实力打拼，学识与才华不输男人，吃苦耐劳的程度让无数男人汗颜，她们用比男人更多的努力弥补女人身体的弱势，达到与男人同等甚至更高的经济与社会地位。另一大阵营则完全违背按劳分配的价值观从男人身上获取利益，她们最擅长于利用和控制男人。

爱情中的经济独立并非一定要按"AA 制"要求，把每一分钱都算清楚，把日子过得无情无义、形同陌路，甚至在女人的孕产期，男人也不能提供应有的保护。爱情中的经济独立主要是要使全社会将经济独立视为一个公平的标准，以此为标准使人们形成正确的预期与价值观，避免过多人持有不良企图，带有不健康的婚恋心理。爱情中的经济独立不表示在事业和生活上不能相互支持，夫妻双方在对方遇到困难，比如疾病、失业、事业失败时，应积极提供帮助，让对方渡过难关。就像你爱你的孩子，你希望他独立，但不表示你不能给他提供帮助，但相比于把钱给他，你会更想把你的知识经验传授给他，让他自己有生存的能力。爱情中的经济独立是要保持独立生活的能力，不依附对方，不侵占对方利益，在对方需要依附于你时努力帮助对方成长，尽可能使对方依靠自己的劳动获得独立生活的能力。好比子女不好好工作每天算计父母的遗产，夫妻一方自己不努力整天算计另一方的劳动成果，这显然不是健康的道德的生活方式，也不利于社会发展。当然，爱情中难免形成一定的经济关系，长期在一起生活必然涉及住房、交通、生活费用等日常生活的支付，当夫妻双方经济能力相差悬殊时，两个人生活在一起若要享受同等的生活条件，经济能力较弱的一方必然需要得到另一方的赠予或资助，但这并不表示理所当然地可以在离婚时平分对方的财产，甚至把对方的财产完全据为己有。我们鼓励付出，但我们需要有一个公平的尺度，超过了这个公平的尺度，获得的一方应该懂得回报，如果没有回报的能力，至少应该懂得感恩，而不是漫无边际地索取甚至强取豪夺、敲诈勒索、欺骗伤害。

生理结构决定了女人在婚姻中的地位相对弱势，职业女性在外承担了与男人同等繁重的工作，男人在家庭生活中多些关心照顾理所当然。人生路上必然有人走得快些，有人走得慢些，若要携手共进，必然有一个人需要为另一个人放慢脚步，而走得慢的那个人，也需要奋起直追，这才是一种良性互动。

举一个我亲身经历的例子。纽约的地铁因为修建得早，有的没有电梯，甚至没有自动扶梯，我又是身材比较娇小的江南女子，有一次，当我提着很大的行李箱艰难地一级一级走下陡峭狭窄的长长的楼梯时，一名美国男子提着更大的行李箱往上走，他看到我后让我停下来等他，他把自己的行李箱送上地面，然后下来帮我把行李箱提到地铁轨道旁。类似的例子我在欧美经常碰到，只要我拿着地图皱着眉头四处张望，肯定会有路过的人问我是否需要帮助，不管男人还是女人都是如此。在家庭生活中不要斤斤计较自己的付出，男人要有一个男人起码的修养和绅士态度，女人也要有女人起码的温柔和体贴，男女各有优势，可以达到互补，双方都以阳光的心态付出，关心彼此，家才会有爱有温暖。

每个人都有自身的社会价值，如果成家了，还有一份家庭责任，即使不谈社会价值、不谈家庭责任，女人自身也要有危机意识，保持独立的能力，不要以为满足男人的性需求、给男人生孩子就理所当然地可以让男人养。如果有一天男人不养了，或者没有能力养了，自己靠什么养活自己、孩子或身边的男人呢？

尽管我们都怀着美好的愿望，夫妻之间应该相互扶助、同舟共济、白头偕老，爱情应该天荒地老、天长地久，谈这种现实的问题会破坏美好的氛围，但是不得不承认，一个空虚无聊、懒惰贪婪的人，有什么资格让别人爱你一生一世，让别人陪你白头偕老呢？在经济独立的基础上结合，在道德责任的基础上付出，在欣赏尊重的基础上相爱，爱才有可能平等。

共你今生，许你来世

> 我在书上读到的，在传说或历史中听到的，真正的
> 爱情，所走的道路永远是崎岖多阻。既然真心的恋人们
> 永远要受磨折似乎已是一条命运的定律，那么让我们练
> 习着忍耐吧。因为这种磨折，正和忆念、幻梦、叹息、
> 希望和哭泣一样，都是可怜的爱情缺不了的随从者。
>
> ——威廉·莎士比亚《仲夏夜之梦》

相信几乎没有人不期望一份终生相守、幸福到老的爱情，然
而究竟有没有这样的爱情，有人说有，有人说没有，有无数白头
偕老的夫妻，也有很多形同陌路的夫妻。

除了极少数极端懒惰自私的人会出卖伴侣或子女换取个人私
利之外，绝大多数情况下，性本能的驱动能自然流露出一种爱意，
这种爱意能让人自觉地心甘情愿地为伴侣和后代牺牲与付出，这
种本能与生俱来，很多动物也是如此。不过，这种本能的驱动要
保持对伴侣永久的忠贞不二却是困难的。

除了本能驱动的为保证后代正常繁衍的付出或爱，人类的爱情更主要的是一种文化，只有重视这种文化的人才会重视恋爱对象，重视双方的感情，恪守爱情的忠贞，珍惜一起度过的时光。对不重视的人而言，不过是性、物质、权力等的交易，根本没有所谓的感情或爱情。大多数时候，感情、爱情是不出于功利目的的陪伴，你愿意把你的时间用在对方身上，即使浪费得毫无意义，就像父母陪伴孩子、恋人们的相互陪伴，很多时候并不是为了从对方身上获取利益。如圣 - 埃克苏佩里笔下的小王子所言，"只有小孩知道自己需要什么，他们会把时间花在布娃娃身上，从而觉得布娃娃非常重要。"

爱情的文化和宗教文化类似，只有具有同样文化的人才能感同身受，对信仰宗教的人而言，宗教的规则必须遵守，对神必须有敬意，对于不信仰宗教的人来说，神根本就不存在。信仰宗教的人又分为理智的信仰与盲目的信仰，爱情同样分为理智的爱情与盲目的爱情，显然，前者更能经得起考验，盲目的人倘若有一天获得理智或陷入另一种盲目，很有可能做出截然相反的选择。

长久的爱情不同于长久的婚姻，长久的婚姻可能是由于很多现实的因素而不得不将两个人捆绑在一起，而长久的爱情则是两个人发自内心的自愿在一起，这种自愿必然要有包括爱情文化在内的很多因素来促成，这种促成有时能超越生存与繁衍的本能，使两个人能抵御很多导致双方分离的力量，坚定不移地将爱情进行到底。

喜新厌旧与朝秦暮楚，不过是在寻得一份爱情中的愉悦感，倘若我们能获得一份永恒的爱情，我们又何必再寻寻觅觅呢？人有寻求更多繁衍对象的本能，同时也有寻求安全感的本能，倘若能获得持久愉悦的爱情，人们可以不必寻求更多的繁衍对象。不过，要获得一份长久的爱情并不容易，对同一繁衍对象的本能欲望是短暂的，性、物质、权力等诱惑却是强大的，长久的爱情一定需要有本能欲望之外的因素。一份天长地久的爱情至少要满足这样的前提条件——这份爱情是两个善良的、心智健全的人所做出的理性决定。

心灵分为善、恶两种不同的本质。可以说，你是阳光还是炸弹，由你的心灵决定。我们常在生活中说某人是善良的，某人是邪恶的，善良与邪恶往往是一种力量对比关系，一个善良的人可能也有邪恶的一面，一个邪恶的人可能也有善良的一面。心灵受先天条件的影响，也受后天培养的影响，尽管一个人的善恶通常是较为稳定的，一个善良的人不会无理由地作恶多端，一个邪恶的人不会无理由地大发慈悲，但人们所接受的知识、所经历的事情以及所处的环境等都会对自身的善恶产生影响。一个善良的人可能在经历某些深受刺激的事情后变得邪恶，一个邪恶的人也有可能在潜移默化中一点点向善。一些外在的因素可以将我们内在的善恶不同程度地表现出来，比如，喜欢、爱会激发我们表现出更多的善，而厌恶、仇恨会激发我们表现出更多的恶。有干净透明的内心才会有至纯至真的爱，只有一个善良的人，才有可能在爱情的挫折中替对方着想，才会在爱人在或不在的时候保持同样的坦诚，才不会为了自己的私欲而不断去寻找新的恋人，以达到某些不可告人的目的。

　　心灵还可以分为强大、脆弱或健全、缺陷两种不同的状态，你是坚不可摧还是顷刻间土崩瓦解，这由你的心灵决定，有的人内心是强大的，面对巨大的心理压力与精神打击依然能坚强乐观地生活，有的人内心则是脆弱的，稍有不如意就会悲观厌世，强大的心灵可能在频繁的打击下变得脆弱，脆弱的心灵也可以通过后天锻炼与调整变得坚强。强大的心灵能使一个人拥有阳光积极的状态，正确地全面地思考，而不会受某些感情因素的不当干扰，脆弱的心灵能使一个人出现某种缺陷，容易使人趁虚而入。因为心灵脆弱，可能会试图在爱情中寻求某种依附，试图通过心灵的想象与幻想获得幸福。因此，人在心灵脆弱的时候最需要爱情，也最易做出错误的决定。如果想要获得一份长久的爱情，最好在正常状态下去做决定，而不要为寻求一时的慰藉而换来终生的懊悔。最好的爱情是有选择的，宁愿坚守也决不苟且。同样的道理，不要乘人之危去获得倾慕之人的爱情，可以在对方有困难时提供适当的帮助，等到对方度过困境、平复心情后再作决定。

要想获得一份天长地久的爱情，这份爱情必须是一个理性的决定，理性代表这个人是在认真考虑与权衡之后才做出的决定，对其中的风险和收益作过判断，并且自愿承担可能发生的风险。一个心智不健全、不理性的人很可能在一时的冲动下做出某种决定，此后又为这种决定感到后悔不已。只有一个理性的人才能慎重选择恋爱对象，考虑双方是否有能力天长地久，同时不会因为自己的盲目无知而屡屡上当受骗，错误地选择了恋爱对象，导致爱情无法进行下去。如果真地希望获得一份长久的爱情，那么不要试图通过欺骗的手段去干扰对方的决定，因为总有一天真相会浮出水面，他会感到极度失望而动摇感情基础。

用理性去恋爱所能维持的时间取决于你理性选择的因素是否会发生变化，以及你想要的因素是否发生变化。通常情况下，理性做出的选择会比较长久，理性选择的因素通常也是一些比较稳定不变的因素，比如一个人的兴趣爱好、价值观、与众不同的造诣与思想等精神文化方面的因素往往最不易发生改变。一个学识高的人不会突然变成一个学识低的人，因为学识高不仅意味着以前学识高，通常也意味着不懈地学习；一个经济或权势地位较高的人，除非遭遇重大变故，通常会继续保持其较高的经济与权势地位。当然，这些因素也不是不变的，尤其是人们在年轻的时候恋爱，此后每个人的努力程度不一样，人生际遇也不一样，必定会出现差异化。爱情能否长久在于你们的爱情所依赖的因素是否长久，要尽可能使双方都依赖不易改变的因素。

我们不仅希望爱情是长久的，我们更希望长久的爱情是愉悦的。性本能是极易变化的，仅仅依靠性来维持的激情难以长久，那么两个人要共度一生是否会难以愉悦呢？长久的两情相悦主要依靠精神的愉悦交流，爱情中精神的因素占比大，还是本能的因素占比大，这会影响到爱情能维持的时间长度。精神的因素占比大，往往能维持更长的时间，因为身体是逐渐衰老的，美貌是不断流逝的，这种自然趋势不可抵挡，而精神却可以不断丰富与提高，所以用心灵去恋爱往往比用本能去恋爱更能持久。

维系情欲的是你们共同从情欲中获得的某种愉悦，例如共同的美好回忆、共同抚养的孩子、共同从事的一项事业，前提是这个过程是愉悦的。这种愉悦有可能是比较高雅的，例如共同关心的社会事业，共同喜欢的文学艺术；也有可能是比较自私的，比如从对方身上取得某种物质与权力的满足，或者仅仅是生理上的满足。在维系情欲的各种纽带中，越是不易变化的纽带，越有可能保证情欲的长久。倘若这根纽带是物质或权力的欲望，那么物质或权力一旦发生改变，情欲也就会发生改变。倘若维系的纽带是共同抚养的孩子，对于抚养孩子的责任重视程度决定这种维系能力的强弱。在维系情欲的各种纽带中，维系能力最强的往往是超越本能之上的精神文化交流，因为其不易发生改变，才有可能富贵不淫、贫贱不移。

人不可避免地有欲望，不是说有爱的人就不能有食物、不能有性，而是要有健康的食物、健康的性。健康的食物、健康的性必然是有节制的，如果要愉悦地、自愿地享用健康的食物、健康的性，必然要对什么是健康有正确的认识，并且把健康变成日常生活中的一种文化，这样才不会觉得健康的生活方式是不愉快的。放纵是一种短期的更刺激的享乐，节制是一种长期的更平缓的享乐，不同的人会做出不同的选择。比如有的人觉得吸烟有害健康，因此而主动不吸烟，有的人觉得运动有利于健康，于是主动参加运动，这些全靠一个人的自愿，而不是有谁来监督，甚至强制，性同样如此。就像吃惯了口味重的食物，反倒觉得新鲜食材太寡淡了，现代人看惯了整容的、浓妆艳抹的脸，反倒觉得天然的、素颜清纯的脸不美了，如同李宗盛在《夜太黑》里写道："男人久不见莲花，开始觉得牡丹美。"你需要清楚地了解对方处于什么状态，是否喜欢健康的生活方式，是否愿意维持忠贞的性关系。我们渴望爱情的天长地久，显然不希望其中任何一方是在苦苦煎熬中度过的，而是愉快地度过的。爱情是两个人的事，除了自身的因素，找一个能天长地久相伴的人很重要，因此长久的爱情需要有共同的文化，知道你能给对方什么、对方需要什么、对方能给你什么、你需要什么，这很重要。如果你们看重的是对方易变的因素，爱情就难以持续。

一个人在你心里的位置之所以不同，在于你们共同的经历留给你的回忆，要获得长久的愉悦可以建立一种专属于两个人的文化，即找一个和你具有同样文化修养的人，一起构建属于你们两个人的爱情童话故事。独一无二的属于你们两人的精神世界是别人不可替代的，所以那种能生死相依的灵魂往往是两个精神文明很高的灵魂，比如两个艺术家、思想家等，或者是两个有不同寻常的经历、战胜过生死考验的人，比如一起经历过战火、一起经历过灾难等。当然，一般人可能达不到很高的造诣，也没有经历过生死劫难，但有一点是相同的，那就是导致你们相爱的因素越是对方不易变的因素，你们的爱情就越能久远。人的价值观、善恶、性格特征、思想、知识结构、智商、情商、兴趣爱好在一定时间范围内往往是不易变化的，所以要让自己的爱情建立在这些基础之上。

如果你想要的是天长地久的爱情，就不能过于看重物质利益。爱的文化靠品，就好比品尝红酒，用你所有的感官去品尝她的色、香、味。因此，找一个同样懂得欣赏爱的人很重要。一个在生活中不能发现美的人，很难去发现爱情中的美，但爱情也不能过度沉迷，如果你强烈地依赖另一个人而存在，就会逐渐迷失自我，失去独立生活的能力。爱情需要以艺术的眼光去欣赏对方，发现对方的美，同时你又要清楚你是在欣赏，而不是走火入魔，把握火候的关键就是你欣赏他现实的美，而不是幻想的美。

爱情不应该是盲目的，要理性地根据对方的情况判断对方能否与你达到精神层次的交流。卓文君与司马相如的爱情佳话广为流传，倘若司马相如不是一个同样具有文化修养的男人，卓文君的诗就不会有这样的效果。卓文君出生于汉代富人之家，通晓琴棋书画，而且容貌美艳，十七岁出嫁，半年后便因丈夫去世而返回娘家。出身贫穷的才子司马相如到卓家做客，以一首热烈而又缠绵的《凤求凰》打动了卓文君，但是卓文君的家人对这段恋情极力反对，两人就私奔到司马相如的成都老家开了一间小酒馆谋生，卓文君的父亲才不得不认了这门亲事。后来，才华横溢的司马相如获得了皇帝的赏识，荣华富贵之后就想纳妾，卓文君忍无可忍，作了一首《白头吟》，表达了爱恨交织的感情，其中的佳句"愿得一人心，白首不相离"，令无数人传诵。司马相如惊叹于妻子的才华，遥想昔日夫妻恩爱之情，顿觉羞愧万分，从此不再提纳妾之事，两人白头偕老。显然，只有同样具有一定文化修养的司马相如才能读懂卓文君，并为她的诗所动，放弃本能的追求。

没有相爱的人相守，
全世界的人思念到想哭又如何

晚上没有你的光，我只有一千次的心伤！

——威廉·莎士比亚《罗密欧与朱丽叶》

城市的中央，繁华的街道，晚归的脚步去向何方。万家灯火，哪一盏灯为你亮起，哪一双脚步走向你点亮的那盏灯。喧嚣的舞台终有落幕时，万众瞩目的舞者终有谢幕时，无论你的光辉曾吸引多少人，终究只有一个人，能陪你慢慢变老，让你忘却岁月的无情。

人生的路途，荆棘的旅程，前行的身影为谁停留。坎坷泥泞，谁伴你前行，你伴谁前行。世事万千变幻，我们有时只能随波逐流，人生的起点到终点，无论一路有多精彩，终究只有一个人为你等待，陪你走过所有艰难的路程。

长夜的孤寂，未知的恐惧，伸开的双臂把谁拥抱。如水人潮，谁心系你的安危，你心系谁的安危。生命如此脆弱，来去全不由我们主宰。终究只有一个人，在你最脆弱的时候为你守护，在你万念俱灰之时，努力唤醒你人生的希望，在你生死一线之时，努力带你逃离死亡之神的怀抱。因为他，你的来和去才会变得无比重要。

我们追逐着形形色色的诱惑，宛如童年的孩子追逐着飞舞的蝴蝶而迷失了方向，忘了为何而追逐，忘了如何寻找归途。那份相守的决心，曾经如此专一而浓烈，回不去的路让我们如此伤感而疲惫。人不同于植物，不能深深扎根于土壤，这或许是人们不断漂泊与游移的烦恼之源，然而倘若有一个人，无论你身在何方，有他的地方就可以让你那颗漂泊的心靠港，无论何时累了，都可以安心地在他温暖的港湾休憩，又何来漂泊的烦恼。

即使拥有这世间所有的财富，能享受的美食不过一日三餐，能睡眠的卧榻不过一丈见方。无论多远的距离，多陌生的城市，多疲惫的心，只要想起世界的某个角落还有一个人在为你守候，就能感受到力量和温暖，让你有勇气战胜所有的艰难险阻，只为了回到他的身旁。无论多少误解和委屈，都能在你内心看到一束光，让你坚定地走下去，因为有一个真正懂你爱你的人，会选择永远相信你。只有在他的世界里，你才会永远如此美，才能永远如此任性。只有他，不介意你的衰老，包容你的坏脾气，无论走到哪里，都会在身后默默守护和关注，为你喜为你忧。

　　你年轻的美貌令无数人倾慕，你富有的钱财令无数人追逐，你威严的权力令无数人向往，然而，终究只有一个人，能在眉宇间读懂你的心事，在你焦虑不安时，给你最坚定的拥抱；在你白发苍苍徐徐老去之时，还能握着你的手，给你传递温暖；在你一无所有时，依然是你身后那个不离不弃的存在，伴你从头再来；在你最失意时，依然视你若珍宝，把你当作全世界独一无二的存在，珍惜与你在一起的所有时光。

　　似水流年，岁月太匆匆，纵然你身后有思念的人万万千，谁会为你守候，你会为谁守候。终究只有一个人，拥有一颗始终如一爱你的心，在你最需要的时候，为你出现，所有的付出只为你笑靥如花，所有的期盼只为你幸福如初。没有相爱的人相守，全世界的人思念到想哭又如何？

一起走过的春夏秋冬

我们是不会像男人一样为爱情而争斗的，我们应该被人求爱，而不是向人家求爱。

——威廉·莎士比亚《仲夏夜之梦》

你温暖的笑容总能融化我心里的冰雪，我加速的心跳总能远远感受到你的气息，我像一个怀揣着巨大秘密的孩子，心里装满了爱情却怕被你发现。我陶醉在你给我的爱情的香醇里，唯有日益浓烈才能让我满足，因为我需要你给我更浓烈的爱让我心安，让我相信你也像我爱你一样日益加深地爱着我。

那一刻的我，矜持地以为我在原地，你会走完所有的路靠近我，因为你一直都不曾让我失望。而你却把最后一步留给我，你以为我会迈出，可我没有。

那一刻的你，失望地转身离去，看着你的背影我更加不知所措，我以为你会回来，因为你一直都不曾让我失望，而这一次，你却再也没有回头。

我像一个迷路的孩子，站在原地，直到夜幕降临，直到眼睁睁地看着万家灯火从亮起到熄灭，才相信真的不会有人再来这里找我。每灭一盏灯，希望的幻灭所带来的无助和悲伤就增加一分。从此，只有在对你的眷念里，我才能找到满足。

虽不知你身在何处，我却始终在原地，不敢离去，因为怕你回来会找不到我。我最怕手牵手的情侣从我身边走过，因为我原本以为也可以这样牵着你的手。

我不再爱，因为爱过你，我不知道还能爱谁。或许我不是在等你，只是离开了这里，不知道还能去哪里。

我恋上了这里春天的风、夏天的雨、秋天的霜、冬天的雪，因为这里的风霜雨雪我们一起经历过。有你的春夏秋冬，有不一样的风霜雨雪，风是温柔的、霜是坚毅的、雨是浪漫的、雪是纯洁的。

爱是陪伴，是不离不弃，是共度余生，是相许世间最昂贵的礼物——时间。我以为没有追上你离去的背影是因为不够爱你。你走以后，我才明白，离开你，我的时间再也无法相许给谁。如果可以重来一次，只可惜这世间没有如果。

其实你还在，落日的余晖里有你，因为我们一起看过落日；大海的波涛里有你，因为我们一起踏过海浪；晨起的露珠里有你，因为我们互道过早安；穿梭的车流里有你，因为你曾经牵着我的手慢慢走过；柔情的音乐里有你，因为你为我哼唱过一曲又一曲……

我曾天真地以为，收起所有和你有关的东西，我的生活里就不会再有你，直到我发现，整个世界全是你，就连空气里也充盈着你的气息，离开你，我的心将不再跳动。

树叶绿了又黄了，花开了又谢了，水冻了又化了，我依然在原地。我不介意你是偶然路过这里，还是一路思考而回心转意。我无数次想象着我们相遇的情景，直到缕缕青丝变成稀疏银发，皱纹层层遮盖青春的脸。我依然还在，你依然还爱。